国家级职业教育规划教材

全国职业院校烹饪专业教材

教学菜——鲁菜

包丕满　主编

U0213546

中国劳动社会保障出版社

图书在版编目（CIP）数据

教学菜. 鲁菜 / 包丕满主编. -- 北京：中国劳动社会保障出版社，2020
全国职业院校烹饪专业教材
ISBN 978-7-5167-4563-2

Ⅰ.①教… Ⅱ.①包… Ⅲ.①鲁菜–菜谱–中等专业学校–教材 Ⅳ.①TS972.182

中国版本图书馆CIP数据核字（2020）第223370号

中国劳动社会保障出版社出版发行

（北京市惠新东街 1 号 邮政编码：100029）

*

北京市白帆印务有限公司印刷装订 新华书店经销
787 毫米 × 1092 毫米 16 开本 14.75 印张 268 千字
2020 年 12 月第 1 版 2020 年 12 月第 1 次印刷
定价：**40.00 元**

读者服务部电话：（010）64929211/84209101/64921644
营销中心电话：（010）64962347
出版社网址：http://www.class.com.cn
http://jg.class.com.cn

前　言

近年来，随着我国社会经济、技术的发展，以及人们生活水平的提高，餐饮行业也在不断创新中向前发展。餐饮业规模逐年增长，新标准、新技术、新设备和新方法不断出现，人们对餐饮的需求也日益丰富多样。随着餐饮行业的发展，餐饮企业对从业人员的知识水平和职业能力水平提出了更高的要求。为了培养更加符合餐饮企业需要的技能人才，我们组织了一批教学经验丰富、实践能力强的一线教师和行业、企业专家，在充分调研的基础上，编写了这套全国职业院校烹饪专业教材。

本套教材主要有以下几个特点：

第一，体系完整，覆盖面广。教材包括烹饪专业基础知识、基本操作技能及典型菜品烹饪技术等多个系列数十个品种，涵盖了中式烹调技法、西式烹调技法及面点制作等各方面知识，并涉及饮食营养卫生、烹饪原料、餐饮企业管理等内容，基本覆盖了目前烹饪专业教学各方面的内容，能够满足职业院校烹饪教学所需。

第二，理实结合，先进实用。教材本着"学以致用"的原则，根据餐饮企业的工作实际安排教材的结构和内容，将理论知识与操作技能有机融合，突出对学生实际操作能力的培养。教材根据餐饮行业的现状和发展趋势，尽可能多地体现新知识、新技术、新方法、新设备，使学生达到企业岗位实际要求。

第三，生动直观，资源丰富。教材多采用四色印刷，使烹饪原料的识别、工艺流程的描述、设备工具的使用更加直观生动，从而营造出更

加直观的认知环境，提高教材的可读性，激发学生的学习兴趣。教材同步开发了配套的电子课件及习题册。电子课件及习题册答案可登录中国技工教育网（jg.class.com.cn），搜索相应的书目，在相关资源中下载。部分教材针对教学重点和难点制作了演示视频、音频等多媒体素材，学生扫描二维码即可在线观看或收听相应内容。

　　本套教材的编写工作得到了有关学校的大力支持，教材的编审人员做了大量的工作，在此，我们表示诚挚的谢意！同时，恳切希望广大读者对教材提出宝贵的意见和建议。

人力资源社会保障部教材办公室

简　介

本教材为全国职业院校烹饪专业国家级规划教材，由人力资源社会保障部教材办公室组织编写。

本教材共分十章，结合大量实例，分别介绍了拌、炝、腌、酱、卤、冻、酥、卷、灌、熏、炸、炒、爆、烹、熘、烧、扒、炖、焖、煮、熬、烩、汆、涮、煎、贴、煏、燎、瓤、蒸、烤、拔丝、挂霜、蜜汁等烹调技法，以及冷拼菜肴的制作方法。教材附有教学演示视频，并配有电子课件，教学演示视频可扫描书中的二维码观看，电子课件可通过中国技工教育网（jg.class.com.cn）下载。

本教材由包丕满主编，麻本友、李雅青、曲怀坤、怀冲、刘西良、郭德云、崔卫军、刘士成、苗婷婷参加编写，张鲁宁审稿。

目　录

绪 论

走进鲁菜

鲁菜，因其渊源于"齐鲁之邦"而得名，是我国最早的地方风味菜，也是全国著名的四大菜系之一。

鲁菜的形成和发展与山东的历史文化、地理环境、经济条件和习俗风尚密不可分。山东是我国古代文化的发祥地之一，孔子的"食不厌精，脍不厌细"对鲁菜的发展有着深刻的影响。丰富的资源和古老的文化传统，为鲁菜的形成和发展提供了优越的客观条件。

山东省位于黄河下游，气候温和，土地肥沃，境内山川纵横，河湖交错，既有黄河冲积而成的鲁北平原，又有绵延起伏的泰沂山脉，胶东半岛三面环海，水陆交通便利。丰富的物产资源构成了山东省独特的区位优势。山东省出产的蔬菜种类繁多，品质优良，享有"世界三大菜园之一"的美称，如章丘的大葱、苍山的大蒜、莱芜的生姜、胶州的大白菜、潍坊的萝卜等，都是优质蔬菜品种。山东省的水果产量位居全国之首，且品质极佳，如烟台苹果、莱阳梨、乐陵小枣、德州西瓜、肥城桃等，在全国都赫赫有名。山东省的水产品产量列全国第三位，黄河鲤鱼闻名全国，渤海、黄海盛产的鱼翅、海参、对虾、加吉鱼、比目鱼、鲍鱼、西施舌、扇贝、红螺等海产驰名中外。山东省的酿造业历史悠久，酿造产品品种多、质量优，如洛口的食醋、济南的酱油、即墨的老酒等，都是久负盛名的佳酿。丰富的物产，为鲁菜的发展提供了丰富的物质资源。

鲁菜主要由内陆的济南菜、沿海的胶东菜和自成体系的孔府菜构成，其烹调技法大同小异，各有侧重。济南菜以省府济南为中心，影响周边的泰安、潍坊、淄博、德州、滨州、聊城、东营等地区，是山东内陆地区菜肴的代表，拌、炝、爆、酱、炸、熘、爆、炒、烧、扒、焖、烩、煎、煿、汆、蒸等烹调技法使用普遍，其工艺精妙、烹制精巧、善于用汤、精于调味，素有"一菜一味，百菜不重"的美誉。胶东菜又称福山菜，是青岛、烟台等地方风味的代表，多用爆、炒、炸、熘、蒸等保持原料原汁原味的烹调技法，以烹制海鲜见长，注重本味，讲究清鲜。出于曲阜的孔府菜历史悠久，其用料讲究、刀工细腻、烹制精巧，口味讲究、清淡鲜嫩、软烂香醇、原汁原味，对菜点的制作精益求精，始终保持着传统风味，是鲁菜中的佼佼者。由于孔府得天独

厚的历史渊源，形成了孔府菜以精著称、以豪奢为美的独特风格，对鲁菜的发展产生了重大影响。

山东省地域的地理差异较大，自然环境、物产和人文习俗也不尽相同，逐渐形成了丰富多彩的鲁菜系，并流传下来许多名吃名菜，如济南的"九转大肠"，淄博的"八宝豆腐箱"，泰安的"三美豆腐"，胶东的"清蒸加吉鱼"，济宁的"甏肉"，临沂的"炒鸡"，孔府的"神仙鸭子""油泼豆莛"等。

鲁菜的特征

鲁菜的选料讲究、刀工精细、调和得当、工于火候，烹调技法全面，尤以爆、炒、烧、炸、熘、煨、焖、扒见长，并有许多其他菜系不曾或少有的独特技法，如酥、软炸、糟熘、酱爆、芫爆、醋烹、煨、汤爆、拔丝、琉璃、挂霜等。在风味上，鲁菜以鲜咸适口、清爽脆嫩、汤纯味正、原汁原味闻名，且其调味多变，因料而用，适应性强，南北皆宜。鲁菜的特征主要表现在以下几个方面：

1. 烹调方法全面，尤以爆、熘著称

鲁菜在擅长的爆、炒、烧、炸、熘、煨、焖、扒等烹调方法中，尤以爆、熘为世人所称道。鲁菜的爆法可分为油爆、汤爆、葱爆、芫爆、酱爆、火爆等多种。

爆制菜肴需要旺火速成，是保护食品营养最佳的烹调方法之一。如"油爆双脆"就是以猪肚头、鸡胗为主料爆制而成的"火候菜"，其刀工细致入微、深浅得当。为保证操作的快速，须烹前兑汁，烹调时必须急火快炒，连续操作，一鼓作气，瞬间完成。此菜旺油包汁，有汁不见汁，菜净盘光，食之脆嫩鲜香，清爽不腻。

熘是鲁菜独有的一种烹调方法。熘菜的主料要事先用调料腌渍入味或夹入馅心，再粘粉或挂鸡蛋糊，用油两面熘煎至金黄时，放入调料和清汤，以慢火熘尽汤汁。如"锅熘豆腐""锅熘鱼肚""锅熘鱼片"等，都是被人们称道的传统名菜。

2. 精于制汤，尤其讲究清汤与奶汤的调制

鲁菜素有"唱戏的腔，厨师的汤"之说。鲁菜制汤清浊分明，取其鲜滑。清汤的制法早在《齐民要术》中已有记载，经过长期的实践，现已演变为用肥鸡、肥鸭、猪肘子为主料，经沸煮、微煮，使主料的鲜味融于汤中，中间还要经过两次清俏，这样不仅使汤内浮物集聚在俏料上，澄清汤汁，而且还可增加汤的鲜味。用此法制成的清汤，清澈见底、味道鲜美。制作奶汤需用大火，不用清俏，须呈乳白色，故名奶汤。

用清汤和奶汤制作的菜品众多，仅名菜就有"清汤燕菜""清汤银耳""芙蓉黄管""奶

汤蒲菜""奶汤鸡脯"等数十种。

3. 烹制海鲜有独到之处，尤其对海珍品和小海味的烹制堪称一绝

在海产品中，不论是参、翅、鲍、贝，还是鱼、虾、蟹、蛤，经鲁菜厨师的妙手烹制，都能成为精致鲜美的佳肴。仅胶东沿海盛产的偏口鱼，运用多种刀工处理和不同烹调技法，就可烹制出"熘鱼片""鱼包三丝""氽鱼丸"等上百道菜肴，其色、香、味、形各具特色，千变万化尽在一鱼之中。以小海味烹制的"双爆菊花""油爆双片""红烧海螺""韭菜炒蛏子""芙蓉蛤仁""清蒸瓤蟹盒"，以及用海珍品制作的"蟹黄鱼翅""绣球煸海参""烧五丝""扒鱼唇""麻汁子鲍"等，都是独具特色的海味珍品。

4. 善以葱香调味，葱为必备调味品

在鲁菜的烹制过程中，不论是爆、炒、烧、熘，还是调制汤汁，都是以葱丝或葱米爆锅，即使制作蒸、扒、炸、烤等菜肴，也同样是借助于葱香提味。"烤鸭""炸指盖""锅烧肘子"等，多以葱段佐食。制作"葱烧海参""葱烧蹄筋"等菜品，必须煸制葱油，以突出葱的香味。此系承袭古代用物之宜，几经演变，流传至今。

5. 鲁菜宴席丰盛完美，名目繁多

鲁菜宴席大体可分为全席、便席和乡社席等多类。宴席是传统名菜的集中体现，传统全席菜单可谓名菜荟萃，集烹饪之精华，既体现出多种技艺手法，又可品尝到一个地区的独特风味。作为鲁菜宴席之一的"全席"，多以主菜命名，席面丰盛，款式多样，每道菜点各具特色。有的鲜香酥烂，有的脆嫩清爽，有的却浓香醇厚，区别其质地口味，依次布阵席间，食者可择其所好，任意品味。对于一般宴席，也要讲究冷热兼备，大件小件，饭菜配套，亦可体现烹饪技艺之精湛。

第一章
制作拌、炝、腌类菜肴

学习目标

1. 了解拌、炝、腌的工艺流程与特点
2. 掌握拌、炝、腌类菜肴的制作方法及要领
3. 学会用拌、炝、腌的方法制作各种凉菜

第一节 拌

拌是把生的原料或晾凉的熟原料，加工整理成丝、片、丁、块、条等形状后，加入各种调味品，调制成菜的一种凉菜制作方法。拌菜多现吃现制，可生食的原料直接拌制，不能生食的原料，经熟处理后再拌制。拌制类菜肴根据原料的处理方法以及成品特点的不同，一般可分为生拌、熟拌、温拌和混合拌四种。

拌的工艺流程

原料初加工 → 熟处理（生拌除外）→ 刀工成型 → 调制拌汁 → 拌制入味 → 装盘点缀

拌制菜肴的特点：用料广泛、品种丰富、味型多样，成品大都鲜嫩柔脆、清凉爽口、通气开胃。

学习目标

用拌的方法制作凉菜，如"凉拌蜇头""拌肚丝""肉丝拉皮"等。

关键工艺环节

调制味汁。

一、生拌

生拌是将可食的生料经刀工处理后，直接加入调味汁拌制成菜的方法。生拌多用

于新鲜脆嫩、含水量较多的蔬菜原料及其他可生食的原料，必须洗净、消毒，再加调味品拌制。

生拌的工艺流程

原料初加工 → 刀工成型 → 调制拌汁 → 拌制入味 → 装盘成菜

生拌菜肴的特点：脆嫩爽口，保持原色，口味多样。

关键工艺环节指导

味汁的调制：

用料	调制方法	关键点
精盐3克，味精1克，醋5克，酱油5克，香油20克，葱姜汁10克	将精盐、味精、醋、酱油、香油、葱姜汁放入同一碗中，调制均匀成味汁	味精、精盐要用凉开水化开

实例　凉拌蜇头

海蜇又名白皮子，其外形似伞，身体分为伞部和腕部两部分。海蜇经过腌制加工后，伞部称为"海蜇皮"，腕部俗称"海蜇头"。"凉拌蜇头"用鲁菜常用的凉拌技法制作而成，质脆而韧，清凉爽口，是常见的佐酒佳肴，具有清热化痰、消积化滞、润肠通便的功效。

菜品名称		凉拌蜇头
制作原料	主料	海蜇头 250 克
	调辅料	黄瓜 100 克，精盐 3 克，味精 1 克，醋 5 克，酱油 5 克，香油 20 克，葱姜汁 10 克
工艺流程		1. 原料初加工：海蜇头用清水洗净，去净盐分，切成细丝或薄皮，再用清水洗净。黄瓜切丝或片。再将二者装入盘中，加入蒜米搅拌均匀 **关键点**：选料要精细，以保证质地脆嫩 2. 调制味汁：将味精、精盐用凉开水化开，加入醋、酱油、香油、葱姜汁调制成味汁 **关键点**：精盐与味精要用凉开水化开，以免咸鲜味不均匀。调味要合理，口味要有特点 3. 浇汁调味：将调制好的味汁浇在盘内海蜇头上，拌制均匀 **关键点**：拌菜多为现吃现浇汁，有的要事先用盐或糖调制基础味，拌时要控干汁水。注意保持生料清香脆嫩、本味鲜美的特点 4. 装盘：将拌制均匀的海蜇头装入另一盘内即可 **关键点**：盘内汤汁要少，尽量不带汤汁。要突出香油的芳香气味
成品特点		色泽明亮，味美爽口，鲜嫩柔脆
举一反三		用此方法将主料及调味料变化后，可拌制所有能生食的蔬菜原料，如"酸辣白菜心""开胃萝卜丝""生拌莴苣"（盐腌制后，用清水冲洗后再拌制）"冻粉青椒丝""开胃三丝"（青椒丝、葱白丝、香菜梗）等凉菜

二、熟拌

熟拌是将加工成熟的凉菜原料经刀工处理后，加入调味品，调拌成菜的方法。

熟拌的工艺流程

原料初加工 → 熟处理 → 刀工成型 → 调制拌汁 → 拌制入味 → 装盘点缀

熟拌菜肴的特点：香脆鲜嫩，味咸鲜，色泽美观。

关键工艺环节指导

味汁的调制：

用料	调制方法	关键点
精盐 1 克，酱油 20 克，醋 15 克，姜汁 10 克，味精 1 克，香油 5 克	将酱油、醋、香油、精盐、味精和姜汁调和均匀成拌汁	味精、精盐要用凉开水化开

实例 拌肚丝

"拌肚丝"质量的好坏，关键在于煮肚。如果煮的火候不当，肚不是发硬发艮、咬嚼不动，就是过于酥烂，切不出丝，没有"嚼劲"。所以煮肚时，当水烧开后，要立即转为中小火（水微沸）煮，并不断用筷子戳肚，一旦能戳进肚内，要及时出锅。这样煮出的肚，既脆嫩又有一定的"嚼头"，但因抽缩较大不够丰满，故需将其放入盘内，加入少许鲜汤，再上笼屉稍蒸一下取出。这样做既能保持肚脆嫩、有韧性的特点，又能使肚的体积膨胀丰满（一般可膨胀 1 倍左右），切出的肚丝又多又嫩。肚可治虚劳羸弱、泄泻、下痢、消渴、小便频繁、小儿疳积。

菜品名称		拌肚丝
制作原料	主料	熟猪肚 200 克
	调辅料	葱白 100 克，鲜辣椒 50 克，精盐 1 克，酱油 20 克，醋 15 克，姜汁 10 克，味精 1 克，香油 5 克
工艺流程		1. 刀工成型：将熟猪肚片成 0.3 厘米厚的片，再切成丝，放入碗内。葱白、鲜辣椒分别切成长 4 厘米、粗 0.2 厘米的丝，与猪肚丝同放一碗内 **关键点**：肚丝、辣椒丝的长短、粗细要均匀一致 2. 兑制拌汁：味精、精盐用凉开水化开，再加入酱油、醋、香油、精盐和姜汁调和均匀成拌汁 **关键点**：调味品的量要按标准投放 3. 调制入味：将调好的料汁浇淋于碗内的原料上并拌匀 **关键点**：肚丝浇入料汁后要拌制均匀，以防入味不均 4. 装盘成菜：将拌匀的肚丝装入盘内即可 **关键点**：盘内汤汁要少，尽量不带汤汁
成品特点		质地软嫩爽滑，味道鲜香醇厚
举一反三		用此方法将主料及调味料变化后，还可以制作经煮、蒸、焯水等熟制后的凉拌菜，如"拌鸡胗""拌鸡丝""拌猪耳""拌猪肚"等

注意：（1）炸后凉拌的菜肴要保持原料滋润酥脆、醇香浓厚。

（2）煮后凉拌的菜肴要保持原料细嫩滋润、鲜香醇厚。

（3）焯水后凉拌的菜肴要保持原料色泽鲜艳、细嫩爽滑。

（4）蒸后凉拌的菜肴要保持原料软嫩清香、本味浓厚。

三、温拌

温拌是将原料改刀后先用开水烫一下或煮熟，再用温开水浸一下，控净水分后，加入辅料和调料拌匀成菜的方法。

温拌的工艺流程

原料初加工 → 焯水处理 → 刀工成型 → 调制拌汁 → 拌制入味 → 装盘点缀

温拌菜肴的特点：温中带凉，脆嫩鲜香。

关键工艺环节指导

味汁的调制：

用料	调制方法	关键点
葱花5克，白糖5克，陈醋5克，精盐1克，味精5克，香菜段、香油各少许	将葱花、香菜、精盐、味精、白糖、醋、香油兑制成汁	味精、精盐要用凉开水化开

实例 温拌海肠

"温拌海肠"鲜美无比、脆嫩可口，是老人与小孩的食用佳品。海肠学名单环刺螠，在中国仅渤海湾出产，它是一种长圆筒形软体动物，软乎乎地蠕动，浑身无毛刺，浅黄色。海肠营养价值比起海参也不逊色。常吃海肠可温补肝肾、壮阳固精。

菜品名称		温拌海肠
制作原料	主料	海肠 250 克
	调辅料	青、红椒片各 20 克，香菜段少许，葱花 5 克，白糖 5 克，陈醋 5 克，精盐 1 克，味精 5 克，香油少许
工艺流程		1. 原料初加工及切配：海肠去净异物，冲洗干净，切成 2 厘米长的段 **关键点**：海肠要洗涤干净，刀工成型要均匀一致 2. 熟处理：海肠入开水锅煮透，再用温开水浸洗；青、红椒焯水后回凉；将二者放入汤碗内备用 **关键点**：海肠煮透即可，时间不可过长，以防质地变老 3. 调制料汁：用葱花、香菜、精盐、味精、白糖、醋、香油兑制成料汁 **关键点**：调味品的量要按标准投放。调味要合理，口味要有特点 4. 拌制成菜：将料汁倒入原料碗内调制均匀，装盘点缀即可 **关键点**：原料要趁热拌制，以体现其细嫩滋润、鲜香醇厚的特点
成品特点		爽脆鲜嫩，咸中略带甜辣
举一反三		用此方法将主料变化后，还可以制作"温拌八带""温拌海螺""温拌蛏子""温拌海蛤"等海鲜凉菜

四、混拌

混拌又称生熟拌，是将生、熟料分别改刀切制，然后拌在一起成菜的方法。

混拌的工艺流程

原料初加工 → 熟处理 → 刀工成型 → 调制拌汁 → 入味拌制 → 装盘点缀

混拌菜肴的特点：原料多样，色泽明亮，荤素兼备，酸辣适口。

实例　肉丝拉皮

"肉丝拉皮"是烟台具有地方特色的风味菜肴，为夏季佐酒助餐之美味。拉皮是用优质淀粉调湿后再用特制的旋子在开水中旋转拉制凝固，入凉水过凉后切成长条而成。拉皮色泽透明、凉爽柔软，调和酸辣等口味，食之爽快，夏季食用可使人胃口大开。常吃此菜可治热病伤津、消渴

羸瘦、燥咳、便秘。湿热痰滞内蕴者慎食。

菜品名称	肉丝拉皮	
制作原料	主料	猪里脊 100 克，拉皮 1 张（约 100 克）
	调辅料	水发木耳 20 克，鸡蛋皮 20 克，黄瓜 20 克，香菜段 5 克，蒜泥 20 克，葱姜末 10 克，料酒 10 克，酱油 5 克，醋 5 克，芝麻酱 25 克，精盐 2 克，味精 1 克，淀粉 100 克，香油适量
工艺流程		1. 调制拉皮：将淀粉 100 克加入清水 100 克、精盐 1 克搅匀成浆，倒入直径 24 厘米的圆托盘内，放到沸水中，使之漂浮在水面上并快速旋转致均匀，加热 10 秒左右至粉浆透亮熟透，再冲入开水随即将水倒出。托盘内再加入凉水使拉皮回凉，随即取出拉皮即可 **关键点**：淀粉与水的调制比例为 1：1，搅匀成浆，手能抓起即可。调制时要使圆托盘保持转动，以使粉皮调制均匀 2. 切配：猪里脊、木耳、黄瓜、鸡蛋皮分别切丝，粉皮切成宽 1 厘米的长条，分别放置在不同的器具中备用 **关键点**：切丝要均匀一致 3. 炒肉丝：锅内放少许油，放入葱姜末、猪里脊丝稍煸，加入料酒、酱油、精盐、味精、香菜段炒匀，淋上香油，装盘 **关键点**：炒制时掌握好火候，时间不要过长，以熟嫩为宜 4. 味汁调制：芝麻酱放入碗中，加入凉开水调匀，再加入蒜泥、酱油、醋、精盐、味精搅拌均匀 **关键点**：芝麻酱要加凉开水充分搅匀成稀糊状 5. 成菜装盘：另取汤盘一只，用黄瓜、木耳、鸡蛋丝依次铺底，再放上拉皮、肉丝，连同调好的味汁上桌即可
成品特点		凉爽透体，配以滑软脆嫩的炒肉丝，香美醇厚，荤素兼备，别有风味
举一反三		用此方法将主料变化后还可以制作"口条拌黄瓜""肘子拌黄瓜"等凉菜

第二节　炝

炝是将加工成片、丝、条、丁等形状的小型原料，经滑油或焯水处理，趁热或晾凉后加入以花椒油为主的调味料调拌均匀成菜的凉菜制作方法。炝制类菜品多热制凉吃，所用调味品除精盐、味精外，还要加入具有挥发性物质的花椒油、姜末等。炝一般可分为焯炝、滑炝、氽滑炝和辣炝四种。

炝的工艺流程

原料初加工 → 刀工成型 → 滑油或焯水 → 炝制成菜

炝制菜肴的特点是：适用面广，刀工讲究，成品鲜香脆嫩，清爽利落。

学习目标

用炝的方法制作凉菜，如"炝腰花""虾仁炝茭白""珊瑚藕"等。

关键工艺环节

熟处理与椒油制作。

一、焯炝

焯炝是将主料焯水后回凉，沥干水分，加入调味品、淋上花椒油成菜的方法。

炝炝的工艺流程

原料初加工 → 刀工成型 → 焯水处理 → 入味调制 → 炝制成菜

炝炝菜肴的特点：质感脆嫩，清淡爽口，味鲜、香、麻。

关键工艺环节指导

熟处理与椒油制作：

焯水	锅内加清水烧沸	加入腰花，使其卷曲成麦穗状	腰花卷曲后，迅速捞出用凉开水回凉，控净水分
花椒油制作	干花椒 15 克，花生油 50 克	花生油在锅内烧至 90 ℃，加入花椒炸至金黄色	将花椒捞出，剩余的油即为花椒油

实例　炝腰花

"炝"较早见于清代《调鼎集》。"炝腰花"是山东的一道名菜，猪腰划上麦穗花刀，经炝制后，色调淡雅、质地脆嫩、味道清鲜，适宜佐酒。常吃猪腰有补肾、强腰、益气的作用。

菜品名称		炝腰花
原料	主料	猪腰 400 克
	调辅料	水发玉兰片 50 克，水发木耳 25 克，南荠 50 克，莴苣 50 克，精盐 2 克，酱油 1 克，清汤 30 克，葱姜汁 5 克，绍酒、味精少许，花椒油 10 克

续表

菜品名称	炝腰花
工艺流程	1. 原料初加工：将猪腰除去外皮，用刀从中间一片两半，去掉腰臊 **关键点**：要揭去猪腰外皮薄膜，去净腰臊 2. 刀工成型：将猪腰用刀在片开的一面打上麦穗花刀，然后切成长4厘米、宽2厘米的块。玉兰片切成长3厘米、宽1.5厘米的片。木耳切成两半。南荠去皮、切成片。莴苣切成象眼片 **关键点**：打麦穗花刀时，深度（原料厚度的4/5）及刀距要均匀，以使形状美观、形象 3. 焯水：汤勺内加清水，在旺火上烧沸后放入腰花，用手勺搅动，待腰花卷曲成麦穗状后，迅速捞出用凉开水回凉并挤去水分。再将玉兰片、木耳、南荠、莴苣下开水锅焯水并回凉 **关键点**：焯水时间不宜过长，原料焯至断生有脆度和嫩度即可 4. 兑制料汁：将清汤、精盐、酱油、绍酒、葱姜汁、味精、花椒油放入碗内，调匀成料汁 **关键点**：调味品的量要按标准投放。花椒油最好随用随做 5. 炝制成菜：将腰花、玉兰片、木耳、南荠、莴苣放入碗内，倒入料汁调拌均匀，盛入盘内点缀即成 **关键点**：原料焯水、滑油后，应趁热调味，以形成味透爽口的特点。淋入热花椒油后最好焖几分钟再食用，味更佳
成品特点	形状美观，质感脆嫩，味鲜香，清淡爽口
举一反三	用此方法将主辅料变化后还可以制作"海米炝芹菜""炝梳条""炝莴苣""炝掐菜""炝土豆丝"等菜肴

二、滑炝

滑炝是先将主料滑水或滑油（沥去油分），用清水冲洗晾凉，再加入以花椒油为主的调味品调拌成菜的方法。

滑炝的工艺流程

原料初加工 → 刀工成型 → 滑油或滑水处理 → 入味调制 → 炝制成菜

滑炝菜肴的特点：成菜色白，质感滑嫩，味鲜、香、麻。

关键工艺环节指导

熟处理与椒油制作：

焯水	鱼片放入碗内加鸡蛋清15克、湿淀粉10克抓匀	汤勺内放清水，中火烧至微开，将鱼片逐一下入	烧沸后捞出控净水分
花椒油制作	干花椒15克，花生油50克	花生油在锅内烧至90℃，加入花椒炸至金黄色	将花椒捞出，剩余的油即为花椒油

实例 炝鱼片

"炝鱼片"选用肉质细嫩的黑鱼，片成蝴蝶片，放进锅里滑水后捞出，伴着少许汤汁，蘸着酸椒小料一起吃"炝鱼片"闻起来浓香扑鼻，不仅味美，而且暖口，是冬日里的绝好享受。食黑鱼肉可补脾、利水，治水肿、湿痹、脚气、痔疮、疥癣。

菜品名称		炝鱼片
原料	主料	黑鱼肉200克
	调辅料	黄瓜100克，精盐1.5克，葱姜汁5克，酱油、绍酒、清汤、味精少许，鸡蛋清半个，湿淀粉15克，花椒油10克
工艺流程		1.原料初加工及切配：将黑鱼肉洗净，片成0.3厘米厚的片，放入碗内，加鸡蛋清、湿淀粉抓匀。黄瓜洗净，切成0.3厘米厚的片 **关键点**：鱼片要厚薄均匀，上浆要均匀一致 2.熟处理：汤勺内放入清水，中火烧至微开，将鱼片逐一下入，烧沸后捞出 **关键点**：余制时做到水开后即捞出，以防鱼片变老 3.兑制炝汁：将精盐、味精、绍酒、清汤、葱姜汁、酱油、花椒油调匀成料汁备用 **关键点**：调味品的量要按标准投放。花椒油最好随用随做 4.炝制成菜：黄瓜焯水回凉，控净水分，和鱼片一起放入盘内，浇上炝汁即成 **关键点**：淋入热花椒油后最好焖几分钟再食用，味更佳
成品特点		色泽鲜艳，味鲜嫩滑润，清爽适口
举一反三		用此方法将主料变化后还可以制作"炝里脊丝""炝虾片""炝鸡丝""炝虾仁"等菜肴

三、氽滑炝

氽滑炝是将两种以上原料分别用氽、滑的方法熟制，然后拼在一起，再用以花椒油为主的调味品拌匀成菜的方法。

氽滑炝的工艺流程

原料初加工 → 刀工成型 → 氽制或滑水处理 → 入味调制 → 炝制成菜

氽滑炝菜肴的特点：色泽洁白，质地鲜嫩，味鲜、香、麻。

实例 虾仁炝茭白

"虾仁炝茭白"是鲁菜的传统菜品之一。虾仁鲜嫩，茭白脆嫩，成品色泽洁白。常食茭白对烦热、消渴、黄疸、痢疾、目赤、风疮有一定疗效。脾胃虚冷、泻者勿食。

菜品名称		虾仁炝茭白
原料	主料	茭白 150 克，虾仁 100 克
	调辅料	鸡蛋清 1 个，湿淀粉 10 克，花椒 25 克，料酒 10 克，精盐 2 克，味精 1 克，葱姜汁 20 克，花生油 25 克，香油 5 克
工艺流程		1. 原料初加工及切配：茭白去皮洗净，将去皮后的茭白切成象眼片 **关键点**：茭白片要厚薄均匀，大小一致 2. 熟处理：茭白入沸水锅中焯熟，捞出控净水分，放入盘中。虾仁用鸡蛋清、湿淀粉上好浆，下入沸水锅中氽熟捞出回凉，控净水分。将两种原料合在一起，放入盘内 **关键点**：虾仁上浆要均匀，不要过厚。虾仁、茭白焯水时不要焯老，以断生为宜 3. 炝制入味：将料酒、精盐、味精（用凉开水化开）放入盘内原料上，放入葱姜汁拌匀。炒锅上火，放入花生油烧热，加入花椒炸至呈金黄色时捞出花椒，将花椒油倒在拌好的原料上，焖 10 分钟，再淋上香油即成 **关键点**：花椒油要趁热浇入，焖后再食用，味道更佳

续表

菜品名称	虾仁炝茭白	
成品特点	虾仁鲜嫩，茭白脆嫩，色泽洁白	
举一反三	用此方法将主料变化后还可以制作荤素搭配的炝菜，如"炝芥菜鸡丝""炝虾仁西芹"等	

四、辣炝

辣炝是将脆嫩的原料切成片、条等形状后，用盐、糖、醋等调味品腌一定的时间，再加入辣椒油、花椒油炝制成菜的方法。

辣炝的工艺流程

原料初加工 → 焯水处理 → 入味调制 → 炝制成菜

辣炝菜肴的特点：脆嫩爽口，味酸、甜、咸、辣、香，色泽鲜艳或洁白。

关键工艺环节指导

熟处理与椒油制作：

焯水	在铝锅或不锈钢锅（防止变色）中加清水烧开	放入藕片汆至透亮时捞出，用清水回凉	将藕片捞出，控净水分
麻辣油制作	花椒10克，干红辣椒15克，香油10克，花生油15克	花生油在锅内烧至90℃，加入花椒、辣椒炸至金黄色	捞出花椒、辣椒，剩余的油即为麻辣油

实例　珊瑚藕

"珊瑚藕"形状美观，色泽鲜艳、透亮，质地脆嫩可口，酸、甜、咸、辣、香五味俱全，是鲁菜的传统特色凉菜之一。此菜具有健脾、开胃、益血、生津、止泻等功效。

菜品名称	珊瑚藕
原料	**主料** 鲜藕瓜 500 克
	调辅料 干红辣椒 10 克，精盐 5 克，醋 40 克，绍酒 10 克，白糖 100 克，葱 10 克，姜 10 克，香油 50 克
工艺流程	1. 原料初加工及切配：将藕瓜洗净、去皮，先用刀切成宽、厚均为 3 厘米的长方块，再顶刀切成片（四周成珊瑚形状）并用清水浸泡。葱、姜切成米。干辣椒泡软后切成细丝 **关键点**：藕片要厚薄均匀，切片后要用清水洗涤，去掉表面淀粉 2. 焯水：铝锅或不锈钢锅加清水烧开，放入藕片汆至透亮时捞出，用清水回凉透，捞出控净水分，放入小盆中备用 **关键点**：藕易变色，焯水时不能用铁锅。焯水时将藕汆至透亮、断生即可 3. 兑制辣焓汁：炒勺置中火上，加香油烧至 60 ℃左右时，加入辣椒丝、葱姜米煸炒，再加入清水、白糖、醋、绍酒、精盐烧沸至汤汁稍浓，兑成焓汁 **关键点**：调味品的量要按标准投放。花椒油最好随用随做 4. 焓制成菜：将兑制好的焓汁浇在珊瑚藕片上调制均匀，装盘点缀即成 **关键点**：为体现辣焓的特点，操作时可将炸制好的辣椒油和花椒油趁热浇在拌好的藕片上，再盖盘子焖 10 分钟左右即可
成品特点	形状美观，色泽鲜艳、透亮，质地脆嫩可口，酸、甜、咸、辣、香五味俱全
举一反三	用此方法将主料变化后还可以制作"珊瑚白菜""辣油瓜皮""辣焓黄瓜卷""海米焓芹菜"等菜肴

第三节 腌

腌是将原料放入以盐为主的调味汁中浸渍入味或用盐揉搓后，再加入其他调味汁拌制成菜的烹调方法。腌制法利用盐、糖等的渗透压作用，使原料入味并析出水分及涩味，从而形成腌制菜品的独特风味。因所用调味品的不同，腌制法有盐腌、醉腌、糟腌几种。

腌的工艺流程

原料初加工 → 刀工成型 → 熟处理（动物性原料）→ 腌制 → 调拌成菜

腌制菜肴的特点是：腌制的时间比较长，成品色泽鲜艳，味清香或醇厚，质地脆嫩。

学习目标

用腌的方法制作凉菜，如"珊瑚白菜""醉腰丝""糟鸡"等。

关键工艺环节

兑汁腌制。

一、盐腌

盐腌是以盐为主要调味品（用盐擦抹或放入盐水中浸泡）的腌制方法，是腌制菜

肴最基本的方法。

盐腌的工艺流程

原料初加工 → 刀工成型 → 熟处理 → 腌制 → 调拌成菜

盐腌菜肴的特点：质感软嫩，清爽适口，味咸香。

关键工艺环节指导

不同原料的腌制方法：

蔬菜类原料	蔬菜类原料用盐腌制后，再用清水洗尽盐分，最后进行调拌	含水分少的原料要用盐水浸泡；含水分多的原料要用干盐擦抹
动物类原料	动物类原料用盐腌制后，用清水泡掉苦涩味，再加工食用	腌制的时间不宜过长，咸味不能过重，以定味和能排除水、涩味为度

 实例　珊瑚白菜

白菜古称"菘"，陆佃的《埤雅》中云："菘性凌冬晚凋，四时常见，有松之操，故曰菘。"菘子为菜，四时常青，营养丰富，菜质软嫩，清爽适口。白菜具有养胃生津、除烦解渴、利尿通便、清热解毒之功，主治感冒、百日咳、消化性溃疡出血、烦躁咳嗽、咽炎声嘶等。

菜品名称		珊瑚白菜
原料	主料	白菜心 500 克
	调辅料	冬笋 50 克，水发冬菇 10 克，葱丝 10 克，姜丝 10 克，干红辣椒 5 克，料酒 5 克，精盐 10 克，味精 5 克，白醋 10 克，白糖 10 克，酱油 30 克，香油适量

续表

菜品名称	珊瑚白菜
工艺流程	1. 原料初加工及切配：白菜心、冬笋、冬菇分别洗净晾干水分，白菜心入开水锅焯至断生，捞出，加少许盐拌匀稍腌，挤去水分，卷成卷，切成马蹄卷。冬笋、冬菇分别切丝，放入洁净的汤碗内 **关键点**：白菜心要洗净，成型要粗细均匀。要晾干水分后再放入容器内，以免变质 2. 腌制：锅内放入香油烧热，放入辣椒丝、葱丝、姜丝、竹笋丝、冬菇丝稍煸，加少量清水，再加入白糖、酱油、白醋、料酒、精盐、味精等烧沸片刻，趁热浇在白菜卷上，腌制10分钟装盘即可 **关键点**：腌制的时间不宜过长，咸味不能过重，以定味和能排除水、涩味为度。要腌出水分，味要进入原料内部
成品特点	清脆爽口，酸甜咸鲜
举一反三	用此方法将主料变化后还可以制作"腌三样"（心里美、辣椒、洋葱分别切片）"酸辣黄瓜""酸辣蒜薹""酸辣甘蓝"等菜肴

二、醉腌

醉腌是以盐和酒作为主要调料的腌制方法。可用于醉腌的原料有河鲜、家禽、家畜内脏等。

醉腌的工艺流程

原料初加工 → 刀工成型 → 熟处理 → 醉制 → 调拌成菜

醉腌菜肴的特点：制作方便，成品酒香扑鼻，风味独特。

关键工艺环节指导

醉汁调制：

用料	调制方法	关键点
葱、姜、绍酒各50克，酱油5克，精盐2克，味精1克	将葱、姜、绍酒、酱油、精盐、味精放入碗内调匀成醉汁	葱、姜、绍酒量要足，才能体现出酒香味

实例 醉腰丝

醉腌是鲁菜制作常用的技法之一。"醉腰丝"因烹法与原料而得名，其成品色淡，红、白、绿、褐色相间，清香脆嫩，美味爽口。

菜品名称		醉腰丝
原料	主料	猪腰 500 克
	调辅料	水发玉兰片 100 克，水发香菇 100 克，嫩菜心 25 克，葱、姜、绍酒各 50 克，酱油 5 克，精盐 2 克，味精 1 克，姜末 2 克
工艺流程		1. 原料初加工及切配：将猪腰洗净，撕去外膜，用刀片成两半，片去腰臊，打上梳子花刀，切成丝，放入清水中泡去血水和臊味。玉兰片、菜心、香菇切成丝备用 **关键点：**要去净外膜及腰臊。打梳子花刀时刀距、深度（原料厚度的 4/5）要均匀 2. 熟处理：炒勺放清水，在旺火上烧至微开，随即放入腰丝，用手勺搅动一下，迅速捞至凉开水中回凉，控净水分。玉兰片、菜心、香菇均焯水回凉 **关键点：**余制腰丝时，水开即可捞出，不可余制时间过长，以防余老 3. 兑制醉汁：将葱、姜、绍酒、酱油、精盐、味精放入碗内调匀成醉汁 **关键点：**调味品的量要按标准投放。所用汁水比一般汁水要咸 4. 醉制成菜：将兑好的醉汁倒入盛有腰丝、玉兰片、香菇的小盆中，调拌均匀，腌制 20 分钟后，装入盘内，撒上姜末即成 **关键点：**醉汁要调拌均匀
成品特点		脆嫩清鲜，酒香味浓，清凉爽口
举一反三		用此方法将主料变化后还可以醉制河鲜、家禽等原料，如"酒香醉蟹""醉活虾""醉鸡""醉冬笋"等菜肴

三、糟腌

糟腌是以盐和香糟卤为主要调料的腌制方法。糟腌要事先兑制好糟卤，选择好鲜嫩的家禽及其他动、植物性原料。

糟腌的工艺流程

原料初加工 → 刀工成型 → 熟处理 → 糟腌 → 调拌成菜

糟腌菜肴的特点：糟香味浓，清淡可口，适合夏季食用。

关键工艺环节指导

糟卤汁的制作方法：

用料	调制方法	关键点
香糟 50 克，清汤 1 000 克，精盐 10 克，葱 25 克，姜 25 克，料酒 10 克，味精 2 克	先将清汤倒入锅内，加盐、葱、姜（拍松）煮到滚开后，端锅离火眼晾凉。然后把汤缓缓加入香糟中，并把汤和香糟轻搅均匀。用洁净纱布袋一只，把糟汁倒入口袋悬空吊起，其下放置取糟卤的容器，让布袋里的糟汁自然滴出。最后在滴下的糟卤中加入料酒、味精，调拌均匀即成	用纱布过滤之前要将汤和香糟搅拌均匀。注意卫生

 实例 糟鸡

"糟鸡"是鲁菜的传统菜品之一，已流传千年。此菜细细嚼来，其咸鲜中透出酒意，肉质鲜嫩，糟香扑鼻，别具风格，是冬令佳品。常食此菜有温中、益气、补精、添髓的功效。

菜品名称		糟鸡
原料	主料	肥壮嫩光鸡 1 只（1 500 克左右）
	调辅料	糟卤 25 克，精盐 50 克，花椒 20 克，味精 1 克，葱姜汁适量，茴香少许

续表

菜品名称	糟鸡
工艺流程	1. 原料初加工：将鸡洗净，放入冷水锅中烧沸，煮至鸡断红时捞出，用冷水冲洗干净 **关键点：** 掌握好加热时间，煮至鸡断红即可 2. 焖制：锅内放入适量水（以淹没鸡为宜），在旺火上烧开，放入鸡，压上盆子，以免鸡熟时浮出水面，盖牢锅盖，置小火上焖烧至熟，随即捞出晾凉待用 **关键点：** 掌握好焖制的火候，焖熟即可，不可过烂 3. 刀工成型：把鸡放在菜墩上，剁下鸡头，鸡身用刀沿脊背划开鸡皮和肉，劈成两半，每一半再剁为两块 **关键点：** 保证剁好的鸡块外形完整 4. 糟制成菜：将鸡整齐地排放在小缸内，加入鸡的原汤、糟卤和葱姜汁，使鸡淹没，放入味精、精盐、花椒、茴香，压实封盖糟制。食用时取出斩块装盘即可 **关键点：** 糟制时要将原料压实封盖，以使糟味进入原料内部，达到味透及里的要求
成品特点	鸡白净、鲜嫩、爽口，富有糟香味
举一反三	用此方法将主料变化后还可以制作"糟肉""糟鱼""糟鸭"等菜肴

第二章

制作酱、卤、冻类菜肴

学习目标

1. 了解酱、卤、冻的工艺流程及特点
2. 掌握酱、卤、冻类菜肴的制作方法及要领
3. 学会用酱、卤、冻的方法制作各种凉菜

第一节 酱

酱是将腌制好的原料经水焯或油炸后，放入酱汁锅中用旺火烧开，再用中小火煮至熟烂成菜的烹调方法。酱所用调味品以酱油为主，配以精盐、料酒、葱姜、花椒、八角、桂皮等，有的还要加入陈皮、草果、丁香、小茴香、砂仁等。用过的汤汁可晾凉保存，长期使用，俗称"老汤"。

酱的工艺流程

原料初加工 → 调制酱汁 → 酱制 → 刀工成型 → 装盘

酱制菜肴的特点：入味均匀，鲜香醇厚，油润红亮。

学习目标

用酱的方法制作凉菜，如"酱牛肉"等。

关键工艺环节

调制酱汁。

关键工艺环节指导

酱汁肉料配方：

用料	用量
花椒50克，大料10克，桂皮10克，丁香2克，陈皮5克，白芷5克，砂仁5克，豆蔻5克，山柰5克，小茴香2克	制作本菜用该用料的1/3，用纱布包好俗称药料包

实例 酱牛肉

"酱"是制作鲁菜常用的技法之一，最初是指用酱腌渍原料，如宋元时期的"酱蟹"。明清时代，渐有把原料用酒、甜酱、盐及花椒等香料腌渍入味，待风干后煮、蒸或煨熟食用，如《调鼎集》中的"酱蹄"等，此后逐步演变为现在的做法。

"酱牛肉"是深受大众喜爱的美味肉菜，也是熟食店里的招牌食品，其酱香浓郁、牛肉劲道，是日常下酒和宴客的绝佳美味。"酱牛肉"有补脾胃、益气血、强筋骨、消水肿等功效。老年人多吃牛肉，可起到抗癌止痛、提高机体免疫功能的效果。

菜品名称		酱牛肉
原料	主料	牛腱子肉 500 克
	调辅料	酱油（或黄酱）100 克，白糖 20 克，甜面酱 50 克，料酒 10 克，大葱 50 克，鲜姜 50 克，大蒜 10 克，香油 25 克，精盐 10 克，药料 30 克，清水 1 500 克
工艺流程		1. 原料初加工及切配：将牛腱子肉切成约 150 克大小的块，用开水焯透，去掉血污后捞出 **关键点**：牛肉要经过初步熟处理，以去掉腥膻异味 2. 调制酱汁：将大葱、姜分别切成段和块，与蒜、精盐、酱油、白糖、甜面酱、料酒、香油、药料包一起放入煮牛肉的锅中烧开，煮成酱汤 **关键点**：投入调味品的量要适宜，药料包配方要恰当。酱汁长时间不用，要经常烧沸、清卤、晾凉，以免发酵变质 3. 酱制：将牛肉放入酱汤锅中旺火煮 5～10 分钟，改用微火焖约 2 小时，保持汤微开冒泡，并勤翻动牛肉，使之受热均匀，待汤汁渐浓，牛肉用竹筷子能插透时捞出 **关键点**：酱制时用旺火烧沸，中小火酱煮，要求酱汁沸而不腾。要根据原料的质地和大小，掌握烹调时间，在酱制过程中应上下翻动，使原料上色均匀，成熟时间一致 4. 刀工成型及装盘：牛肉晾凉后，用刀切成片装盘即可 **关键点**：酱好的原料要浸泡在撇净油污的酱汁中，以保持新鲜，避免发硬和干缩变色。晾凉后切片，片的大小、厚度要适宜，而且要横切（将牛肉纤维切断），以保肉嫩
成品特点		色泽酱黄，味鲜极香，软烂可口
举一反三		用此方法将主料变化后可以制作"酱肉""酱猪手""酱鸡腿""酱凤翅"等菜肴。将酱汁晾凉后加入清洗晾干的鲜辣椒、黄瓜等，还可以制作"酱辣椒""酱黄瓜"等蔬菜类酱菜

第二节 卤

卤是将原料焯水或油炸后，放入有多种香料、调料的特制卤汁中煮至熟烂，晾凉成菜的一种烹调方法。卤制的原料比较广泛，如猪、牛、羊、鸡、鸭及其内脏等。根据主要调味料的不同，卤可分为红卤与白卤两种。红卤是以酱油、糖色、盐、冰糖或白糖、料酒及各种香料为主要调味料的方法；白卤则不加有色调味品。

卤制的工艺流程

原料初加工 → 调制卤汁 → 卤制 → 刀工成型 → 装盘

卤制菜肴的特点：操作简便，入味均匀，制品鲜香醇厚，油润红亮或白洁清爽。

学习目标

用卤的方法制作凉菜，如"白卤鸡""卤牛肉"等。

关键工艺环节

红、白卤水的配制。

关键工艺环节指导

一、卤水的配制

卤水的配制方法有两种：

红卤水	清水 5 000 克，酱油 1 000 克，黄酒 500 克，冰糖 750 克，精盐 100 克，甘草 15 克，花椒 25 克，丁香 25 克，葱 50 克，生姜 50 克，大小茴香、桂皮共 30 克。将各种香料装入纱布袋内扎好备用	将葱、姜、大料放入油锅内炝锅，出香味后加入盐、黄酒、酱油、糖和水，烧开后撇去浮沫，放入香料袋，用微火煮 1 小时左右，卤水即成 **特点**：油润红亮 **关键点**：制作时一定要用小火或微火，使调料味充分融入汤汁中
白卤水	清水 5 000 克，盐 200 克，大小茴香、桂皮各 25 克，甘草 50 克，姜 25 克，花椒 25 克，绍酒 500 克	先将盐放入水中搅拌，再上火烧开，撇出浮沫倒出，去掉锅底杂物后，再倒入锅中。加入香料袋、绍酒、姜（拍松），与原料一同下锅卤制 **特点**：洁白清爽 **关键点**：白卤水一般现用现做，不重复使用

二、卤水的保管与使用

（1）卤汁用后只要保存得当，可以继续使用。卤好原料后，要补足咸味和卤汁量，去掉杂物，烧沸后装入烫洗后的专用器皿中，待其自然冷却，不可搅动，且不可用铁器盛装。再次使用时，叮适当添加汤汁、香料及调味料等。反复使用的卤汁称为"老卤"，其制成品滋味更加醇香。卤汁长时间不用，要经常烧沸、清卤、晾凉，以免发酵变质。

（2）卤制品出锅后，应用竹筛滤清卤汁渣滓，再烧沸后移至阴凉处，使其自然冷却，加盖保存以保证卫生。夏天应放入冰箱保存。

（3）如用于卤制豆制品，其卤汁易变质。因此，应按需要量使用卤汁，所剩卤汁弃之不用，不可倒回原锅中。

（4）卤汁使用一段时间后，应根据需要添加鲜汤和更换香料，以增加卤汁的浓度和浓郁香味。加入卤汁中的香料，须用洁净纱布包起来，以防止散入卤汤中，粘到卤制品上，影响口感及外观。白卤不宜用单宁质较多的香料，如茴香、桂皮等。若用，一定要控制好数量。

（5）卤制的火候要运用恰当。卤制的原料一般块形较大，加热时间较长。因此，原料下锅后要先用旺火烧沸，再改用小火煨煮。

（6）几种原料可一锅卤制，但要根据原料的性质及加热时间的长短，进行先后投料，以保证卤制品成熟度一致。

实例1　白卤鸡

"卤鸡"在我国古代春秋时期即已出现。据《楚辞·招魂》记载，盛行于淮扬一带的菜肴就有"露鸡"，郭沫若先生认为就是卤鸡。清乾隆时已形成相对固定的"卤鸡"制法，取雏鸡，洗净，用猪板油四两捣烂，酒三碗，酱油一碗，香油少许，茴香、花椒、葱同鸡入旋中汁料半入鸡腹，半腌鸡上，约浸浮四分许，用蒸架起，

隔汤蒸熟（须勤看火候），改刀装盘，浇上原卤，淋上香油，即可供食。鲁菜中"卤鸡"在此基础上将其发扬光大，成品入味均匀，制品鲜香醇厚，白洁清爽。

菜品名称		白卤鸡
原料	主料	净鸡1 500克
	调辅料	白卤水4 500克，香油25克
工艺流程		1. 初步熟处理：将加工处理好的净肉鸡洗净，放入开水锅中煮3分钟捞出备用
		关键点：主料要经过初步熟处理，以去掉腥膻异味
		2. 卤制：将鸡放入白卤水中大火烧开，再改为中小火烧40分钟，捞出抹香油晾凉
		关键点：卤制时先用旺火烧开，再用中小火加热使鸡熟透
		3. 刀工成型及装盘：将晾凉的卤鸡剁块装盘即成
		关键点：刀工成型要均匀一致，码盘要整齐
成品特点		入味均匀，鲜香醇厚，白洁清爽
举一反三		用此方法将主料变化后还可以制作"白卤鸭""白卤鸡蛋""白卤鸽蛋"等菜肴

实例2　卤牛肉

"卤牛肉"是鲁菜热制凉吃的菜肴之一，其色泽红润，光亮清爽，味浓醇厚，

香味别致，是宴席常用冷菜，既可用于冷拼制作，也可用于食用冷盘，深受食客厚爱。牛肉有补中益气、滋养脾胃、强健筋骨、化痰息风、止渴止涎之功效，适宜中气下隐、气短体虚、筋骨酸软、贫血久病及面黄目眩之人食用。

菜品名称		卤牛肉
原料	主料	牛腱子肉 2 000 克
	调辅料	红卤水 5 000 克，香油 20 克
工艺流程		1. 初步熟处理：将牛腱子肉用水洗净，改刀成大块放入开水锅中煮 10 分钟捞出 **关键点**：主料要经过初步熟处理，以去掉腥膻异味 2. 卤制成菜：将牛腱子肉放入红卤锅中，大火烧开，去浮沫后，改用小火煮 4～5 小时，至牛肉用手掐即透为止，捞出，抹香油晾凉 **关键点**：卤制时要用旺火烧开，再用微火煮至熟透 3. 刀工成型及装盘：将晾凉的牛肉切片装盘即成 **关键点**：刀工成型要均匀一致，码盘要整齐
成品特点		色泽红润，光亮清爽，味浓醇厚，香味别致
举一反三		用此方法将主料变化后还可以制作"卤口条""卤猪肉""卤猪肚""卤猪肝"等菜肴

第三节 冻

冻是将煮或蒸熟的原料在原汤中加入胶质原料熬制成汤汁，使其凝固成冻的一种烹调方法。由于此类菜肴汤汁清澈见底，凝固后晶莹透明，故又称之为"水晶"，其冻汁多用猪肉皮、琼脂、明胶、食用果胶等原料制成。冻一般分为咸冻和甜冻两种，一般咸冻用皮冻汁，甜冻用琼脂冻汁。

冻的工艺流程

原料初加工 → 煮或蒸制 → 调制冻汁 → 冻制 → 刀工成型 → 装盘

冻制菜肴的特点：造型美观，晶莹透明，软嫩滑韧，清凉爽口。

学习目标

用冻的方法制作凉菜，如"水晶肴蹄""五香肉冻"等。

关键工艺环节

冻汁的熬制。

关键工艺环节指导

一、熬制冻汁

熬制冻汁有以下两种方法：

皮冻汁	选择新鲜、无异味、洁净的猪背皮或猪后腿皮，片净肥膘，放在热水中反复刮洗，去净油脂和污垢，然后在沸水中烫透捞出，切成薄条，用热碱水搓洗数次，洗净	将洗好的肉皮放入清水或清汤（以没过原料为宜）中，用小火长时间慢熬，并随时撇去浮沫，一直熬至肉皮软烂且汤汁有黏性时，冻汁即熬好
琼脂冻汁	琼脂也称琼胶、冻粉，是从海生红藻类植物（如石花菜）中提取出的胶汁，经冻结、干燥而成。在熬制或蒸制琼脂前，一般要先将琼脂浸泡在冷水中，使其充分吸水溶胀，以便于加热后迅速溶化	熬制时，一定要掌握好琼脂与水的比例，一般以1份琼脂加10份清水为宜。上火用铝锅熬制，当琼脂液黏稠时，可取一滴黏液滴在盘子上，如果很快凝固成晶亮、弹性好的固体，说明琼脂已熬制好，即可用它制作菜品

二、熬制冻汁的技巧

（1）熬制冻汁的关键是要掌握好浓度。根据菜肴的需要调制好冻汁的浓度，以保证凝胶的成型性。形成凝胶必须具有一定的浓度，若浓度超过了极限或过小，冻汁就无法凝固。根据菜肴的性质调节好冻汁的透明程度，进而突出冻汁的特点。

（2）肉皮和琼脂的性质是不同的，熬制琼脂冻汁，若水不足可中途加水，而熬制肉皮冻汁不宜中途加水，最好一次将水加足。

（3）火候以小火为宜，且熬好后加入的盐和糖量不能多，以保证菜肴口味清淡。

（4）选用炊具要干净无油，以铝锅或不锈钢锅熬制为佳，以保证凝胶晶莹透亮。

（5）在整个制作过程中，不要接触酸性物质和蛋白酶含量丰富的原料，因为明胶对酸和蛋白酶都很敏感。

（6）经熟处理后的原料必须晾凉后才能加入冻汁中，以便原料与冻汁凝结在一起。

实例1　水晶肴蹄

"冻"是鲁菜常用的凉菜制作技法之一。《齐民要术》中即有"冰冻猪蹄"制法的记载，宋代则出现了"水晶脍""鸡冻""冻肉"等更多的冻类菜肴。由于此类菜肴汤汁清澈见底，凝固后晶莹透明，酷似水晶，故也称为"水晶法"，古人称之为"冻子活"。猪蹄具有健脾益气、补虚弱、填肾精、健腰膝等功效，但猪蹄含油脂较多，故动脉硬化及高血压患者宜少食，素有痰盛阻滞、消化不良者也应慎食。

菜品名称		水晶肴蹄
原料	主料	净猪蹄4只（约2 000克）
	调辅料	葱50克，姜25克，花椒15克，八角10克，料酒20克，精盐5克，香醋10克，味精3克，香油5克
工艺流程		1. 原料初加工及切配：将猪蹄刮洗干净，从中间劈开，剔去骨，入沸水锅中汆一下，用温水漂洗干净，晾凉。葱、姜洗净，葱切成丝，姜切成片 **关键点：**猪蹄要刮洗干净，并用沸水汆制，以去掉异味 2. 熬制：将猪蹄放入锅内，加清水（以没过猪蹄为宜）、精盐，用旺火烧沸，撇去浮沫。再把花椒、八角用纱布包成一料包，葱段、姜片包成一料包，放入锅内，加入料酒，继续用旺火烧沸，撇去浮沫。然后盖上竹箅子，用重物压住，用微火焖约3小时，将蹄肉和汤汁倒入盆内，冷却后即成 **关键点：**水要一次加足，中途不可加水。要用旺火烧开，再用微火焖制，以保证肉烂且胶质溶入水中 3. 改刀调味成菜：食用时改刀切长条，盛入盘内，用葱丝、姜末、香醋、味精、香油调味即可 **关键点：**刀工成型要均匀，调味要适宜
成品特点		肉红皮白，卤冻透明，犹如水晶，蹄肉香酥，咸香适口，肥而不腻
举一反三		用此方法将主料变化后还可以制作"水晶鸡""水晶凤爪"等菜肴

实例2 五香冻肉

"五香冻肉"由鲁菜传统烹调方法"冻"制而成，成品晶莹剔透、口感滑糯、

味鲜醇厚，是鲁菜宴席常用的菜品之一，也是鲁菜冷拼的常用原料，既可单拼成菜，也可作为花色拼盘的主要原料。"五香冻肉"也是平民百姓逢年过节招待亲朋好友必备的一道佐酒佳肴。

菜品名称		五香冻肉
原料	主料	鲜猪肘 1 个
	调辅料	鲜猪肉皮 250 克，葱姜片 50 克，精盐 5 克，料酒 10 克，味精 1 克，鲜花椒 15 克，清汤适量
工艺流程		1. 原料初加工及切配：将猪肘肉刮洗干净，放入汤■内煮透后捞出，去骨切条；猪肉皮洗净，放入沸水中焯过捞出，切成细丝 **关键点**：猪肘肉要清洗干净，不留余毛等杂质 2. 定碗蒸制：将猪肘肉放入大碗内，加入清汤、料酒、精盐、味精、葱姜片和拍扁的鲜花椒，铺上猪皮丝，放入蒸锅内蒸至熟烂后取出。去掉葱姜、花椒，撇去浮油 **关键点**：猪肘肉和猪皮肉在碗内要码放整齐，上笼要蒸至熟烂 3. 冷制装盘：将蒸好的猪肘肉连同大碗晾凉后放入冰箱内，待其冷凝后取出切成大象眼块，整齐地码在平盘内，再将猪皮丝摆在汤冻上面即成 **关键点**：猪肘肉要凉透，成型要整齐美观
成品特点		色泽红亮，光润饱满，味咸鲜
举一反三		用此方法将主料变化后还可以制作"西红柿冻""草莓冻""橘汁冻"等菜肴

第三章

制作酥、卷、灌、熏类菜肴

学习目标

1. 了解酥、卷、灌、熏的工艺流程及特点
2. 掌握酥、卷、灌、熏类菜肴的制作方法及要领
3. 学会用酥、卷、灌、熏的方法制作各种凉菜

第一节　酥

酥是将原料用油炸酥或投入汤中，加以醋、糖和酱油为主的调料，用小火焖烂成菜的烹制方法，是鲁菜独特的烹调技法之一。酥制菜肴的原料很多，如鱼、肉、蛋、海带等都可酥制。酥有硬酥和软酥两种，原料先经炸制后再酥制的叫作硬酥，未经炸制而直接酥制的叫作软酥。

酥的工艺流程

原料初加工 → 油炸（硬酥）→ 酥制 → 成菜装盘

酥制菜肴的特点：骨酥肉烂，香酥适口，味咸甜酸适度，鲜香不腻，别有风味。

学习目标

用酥的方法制作凉菜，如"酥海带""酥鲫鱼"等。

关键工艺环节

酥制。

关键工艺环节指导

酥制的方法：

软酥	将锅刷净，锅底放上竹箅子，把主料放在上面码好一层放一层葱段、姜片、大蒜，一共码放 3～4 层，最上面一层盖上大白菜帮，然后将白糖、味精、精盐、酱油、料酒、醋、香油倒入锅内，添加高汤（以浸没原料为宜），盖上锅盖，放旺火上烧开，再用小火焖制，待汤将干时连锅端下，晾凉后即可取出	旺火烧开，再用小火慢焖。酥汁一般由醋、白糖、酱油、汤、精盐、料酒、香油、葱、姜等组成，各调料的投放比例要根据菜肴的量而定
硬酥	将锅内垫好竹箅子，上面摆上炸好的主料，每摆一层，撒一些葱、姜、蒜，直至摆完，最后加上醋、酱油、精盐、料酒、姜、蒜、白糖、大料、花椒、桂皮、鲜汤，旺火烧开后，改用小火焖至汤汁浓稠、骨酥软、肉烂时即好	先用旺火烧开，再用小火慢焖，保持汤汁微开，避免火候过急使主料破碎。加热时间要足，以使原料酥烂为度

实例 1 酥海带

"酥"是鲁菜独特的烹调技法之一，成菜骨酥肉烂，滋味浓郁，色泽深棕褐色，口味咸甜微酸，营养丰富。此菜酒饭均宜，属家常菜之一。海带含有碘、铁、钙、蛋白质、脂肪以及淀粉、甘露醇、胡萝卜素、维生素 B_1、维生素 B_2、褐藻氨酸和其他矿物质等人体所需要的营养成分，长期食用可软坚化痰、祛湿止痒、清热行水。

菜品名称		酥海带
原料	主料	水发海带 5 000 克
	调辅料	肥猪肉 500 克，大白菜帮 500 克，酱油 50 克，醋 150 克，白糖 100 克，香油 30 克，味精 5 克，大蒜 50 克，料酒 40 克，葱段 100 克，姜片 100 克，精盐 50 克
工艺流程		1. 原料初加工及切配：将海带放入大盆内洗净，葱切段，姜切片，大蒜剥皮待用 关键点：原料要洗涤干净 2. 卷制海带卷：将肥猪肉切成长 7 厘米、宽 1 厘米的肉条。海带铺在案板上，上面放上切好的肉条一根，再将海带卷成直径 4 厘米的圆卷待用 关键点：海带卷要卷结实

续表

菜品名称	酥海带
工艺流程	3.酥制：将锅刷净，锅底放上竹算子，把海带卷放在上面，码好一层放一层葱段、姜片、大蒜，一共码放 3～4 层，最上面一层盖上大白菜帮，然后将白糖、味精、精盐、酱油、料酒、醋、香油倒入锅内，添加高汤（以浸没海带为宜），然后盖上锅盖，放旺火上烧开，再用小火焖 6 小时左右，待汤将干时连锅端下，晾凉后即可取出 关键点：掌握好火候及加热时间。先用旺火烧开，再用小火慢焖，保持汤汁微开，避免火候过急使主料破碎。加热时间要足，以使原料酥烂为度 4.切丝装盘：食用前，将海带卷切成丝卷，码放在盘中即可 关键点：切好的海带丝卷要完整，不能散开
成品特点	色泽深棕褐色，味咸鲜微酸，质地松软、酥烂可口
举一反三	用此方法将主料变化后还可以制作"酥白菜""酥卷心菜"等菜肴

实例2　酥鲫鱼

"酥鲫鱼"既是一道上好的下酒菜，也是一款绝美的休闲小吃。它以色泽黄亮、鲜香味美、骨酥肉嫩、溢香爽口、久吃不腻而著称，同时还可做成咸、甜、鲜、麻、辣等多种口味。一条普通的鲫鱼，通过刀工处理、油炸和调味，即可做出外香里嫩、鲜酥可口、甜咸兼有、香味浓郁的酥鱼。鲫鱼具有健脾、开胃、益气、利水、通乳、除湿之功效，但感冒发热期间不宜多吃。

菜品名称		酥鲫鱼
原料	主料	鲫鱼 5 000 克
	调辅料	花生油 1 500 克（实耗 150 克），精盐 50 克，大葱 500 克，大蒜 200 克，鲜姜 200 克，料酒 250 克，大料 15 克，米醋 1 000 克，白糖 500 克，桂皮 15 克，酱油 500 克，花椒 15 克
工艺流程		1. 原料初加工：将鲫鱼去鳃、鳞、内脏后洗净 **关键点：**鲫鱼要清洗干净 2. 炸制：将锅置火上，加入花生油烧至 200 ℃左右，分次下入整理好的鲫鱼，炸至老红色捞出待用 **关键点：**鲫鱼要炸酥，炸透 3. 酥制：将锅内垫好竹箅子，上面摆上炸好的鲫鱼，鱼腹向下，每摆一层鱼，撒一些葱、姜、蒜，直至摆完，最后加上醋、酱油、精盐、料酒、姜、蒜、白糖、大料、花椒、桂皮、鲜汤，旺火烧开后，用小火焖 5 小时左右，至汤汁浓稠，鱼骨酥软肉烂时即好 **关键点：**调制酥汁的调料比例要恰当。酥制时必须用竹箅子垫底，以防主料被烧焦而影响菜肴的色泽和口味 4. 装盘：待鲫鱼晾凉后用小铲起出，装盘即可 **关键点：**铲起时动作要轻，以防破碎
成品特点		味咸甜酸香，鱼肉酥烂、骨酥软
举一反三		用此方法将主料变化后还可以制作"酥巴鱼""酥鸡蛋""酥小黄花鱼""酥排骨"等菜肴

注意：鲫鱼也可不过油，直接放入锅内用上述方法酥制，其味更浓。

卷是用大片薄形的原料做皮，卷入其他原料，经蒸、煮或炸而成菜的一种烹调方法。卷制菜肴取料广泛、菜品繁多，卷菜的馅多为细腻的馅料或细丝，如肉泥、鸡茸、虾泥或三丝等，皮料多为千张、蛋皮、鱼片、肉片等。

卷的工艺流程

调制茸泥→卷制→蒸或炸→刀工成型→装盘食用

卷制菜肴的特点：成品形状整齐，鲜香清淡，既可单独食用，也是冷拼的主要原料。

学习目标

用卷的方法制作凉菜，如"如意紫菜卷"等。

关键工艺环节

卷制。

关键工艺环节指导

卷制的方法：

将片状原料（如鸡蛋皮）铺在案板上，抹上蛋清糊，铺上一层薄薄的鸡茸，再铺上一层原料（如紫菜），在其上面再铺一层鸡茸，然后，同时从片状原料的两头向中间卷制（如意卷）或从一头卷向另一头成卷筒状	卷制菜肴要卷牢、扎紧，粗细均匀，制成的菜品才能造型美观，鲜香可口 不论何种茸泥，吃浆必须适度。吃浆过多，料子稀，卷不成卷；吃浆过少，料子稠，卷时摊不匀

实例　如意紫菜卷

"如意紫菜卷"造型美观、质地软嫩、口味鲜香，有"顺心如意"之寓意，是宴席常用菜品。紫菜具有化痰软坚、清热利水、补肾养心的功效，可用于防治甲状腺肿、水肿、慢性支气管炎、咳嗽、瘿瘤、淋病、脚气、高血压等。

菜品名称		如意紫菜卷
原料	主料	紫菜 50 克，鸡脯肉 150 克，鸡蛋皮 1 张
	调辅料	猪肥肉 25 克，鸡蛋清 4 克，精盐 10 克，味精 2 克，香油 5 克，胡椒粉 1 克，葱姜汁 50 克，干淀粉 2 克
工艺流程		1. 调制茸泥：将鸡脯肉去筋皮洗净，猪肥肉洗净，分别用刀背砸成泥放入碗内，加盐、胡椒粉、味精、葱姜汁、香油、蛋清搅拌成茸泥。用干淀粉加蛋清和成蛋清糊 **关键点：** 肉要砸细，筋皮要去净；调制茸泥时要向同一方向搅动，使其上劲均匀 2. 卷制紫菜卷：鸡蛋皮铺在案板上，抹上蛋清糊，铺上一层薄薄的茸泥，再铺上一层紫菜，紫菜上面再铺一层茸泥，然后，同时从鸡蛋皮的两头向中间卷成如意形状，将其翻过来摆入平盘内 **关键点：** 茸泥要抹均匀，以使蛋卷粗细一致，整齐美观。卷制蛋卷时要卷结实，以防松散而影响成型美观 3. 蒸制：将卷好的紫菜卷上笼蒸 15 分钟左右取出，压扁后晾凉 **关键点：** 掌握好蒸制的时间 4. 装盘：将晾凉的紫菜卷切成片装盘即成 **关键点：** 刀工要整齐均匀、美观
成品特点		形状美观，质地软嫩，口味鲜香
举一反三		用此方法将主料变化后还可以制作"如意鱼卷""如意白菜卷""鸡蛋卷"等菜肴

第三节　灌

　　灌是将原料切成碎块，经调味后灌入筒状的皮料中，然后经过蒸或煮使原料成为一定形状熟食品的方法。

灌的工艺流程

原料初加工 → 腌制入味 → 灌制 → 晾晒 → 熟制 → 改刀装盘

　　灌制菜肴的特点：香味浓郁，肉质坚实，味道鲜美，耐储存。

学习目标

　　用灌的方法制作凉菜，如"香肠"等。

关键工艺环节

　　腌制入味与晾晒。

关键工艺环节指导

　　腌制方法：

腌制用料	腌制方法	关键点
精盐5克，酱油10克，鲜姜2克，花椒面5克，白糖25克，绍酒10克，丁香5克，大曲酒50克，砂仁、豆蔻、肉桂、白芷各少许	将砂仁、豆蔻、肉桂、白芷、大曲酒、白糖、绍酒、花椒面、丁香、姜米、酱油、精盐等调料放入肉中拌匀，腌制2小时。一般不加水只加调味品	加入调味品后，要彻底搅拌均匀，腌透入味。调味料投入量要按标准，以保证其风味特色

实例 香肠

"香肠"一般指猪肉香肠，以猪或羊的小肠衣（也有用大肠衣的）灌入调好味的肉料干制而成。山东的香肠有着悠久的历史，以前香肠是每年过年前制作的食品，而现在一年中的任何时候都可以吃到香肠了，过年吃自制的香肠已经成为很多地区的习俗，一直保留到今天。

菜品名称		香肠
原料	主料	猪肉（肥三瘦七）2 000克，肠衣1个
	调辅料	精盐5克，酱油10克，鲜姜2克，花椒面5克，白糖25克，绍酒10克，丁香5克，大曲酒50克，砂仁、豆蔻、肉桂、白芷各少许
工艺流程		1. 原料初加工及切配：将猪肉切成大丁，鲜姜切成姜米
		关键点：刀工成型要整齐一致，大小均匀
		2. 腌制：将砂仁、豆蔻、肉桂、白芷、大曲酒、白糖、绍酒、花椒面、丁香、姜米、酱油、精盐等调料放入肉中拌匀，腌制2小时，拌成肠料
		关键点：要腌透入味，调味料投入量要标准，以保证其风味特色
		3. 灌肠：把小肠肠衣清洗干净，将腌好的肠料灌入肠衣内，每隔30厘米用线扎住
		关键点：在灌肠时，要灌饱满，若有空心，可随时用针戳出小眼，以便排气
		4. 晾晒：将灌好的生肠用清水洗去表面油腻和杂质，放置阴凉通风处干燥，风干约2个月，放置储存
		关键点：不能在阳光下直接照射，以防水分蒸发过快，使风味流失
		5. 熟制：食用时用水煮或蒸透晾凉后，切片装盘即可
		关键点：也可熟制后风干保存，食用时切片装盘
成品特点		色泽枣红，咸淡适宜，香味协调，鲜美不腻
举一反三		用同样方法将主料变化后还可以灌制蛋肠、血肠、粉肠、红肠、腊肠、熏肠等

第四节 熏

熏是利用熏料在锅内受热起燃，将原料制熟、上色或入味的烹调方法。熏料一般用木屑、柏枝、茶叶、糖等。熏菜所用的原料多为动物性原料，如鸡、鸭、鱼、肉等。熏以原料生熟分为生熏和熟熏两种。

熏的工艺流程

原料初加工 → 切配 → 入味 → 熏制 → 改刀装盘

熏制菜肴的特点：色泽红黄，美观光亮，易于保存，具有熏料特殊的芳香气味。

学习目标

用熏的方法制作凉菜，如"生熏鱼片""熏鸡"等。

关键工艺环节

熏制入味。

关键工艺环节指导

熏制的方法：

取铁锅 1 只，锅内放入湿木屑 100 克（加清水 50 克），上铺圆形铁丝网，网上铺青菜叶，菜叶上放葱段数根（以防原料烤熟粘网），再将腌好的原料放在葱段上。将锅盖严，然后将锅端至炉火上加热。先将水烧沸，蒸熟原料，水分烧干至锅烧红起烟时揭开锅盖，从锅边撒白糖 10 克，再盖严，使原料受浓烟熏制 0.5 小时即可取出

生熏应选择新鲜无异味、质地细腻、受热易成熟的原料，如鱼、豆制品等

熟熏的原料要经过煮、卤、蒸、炸、烧等方法熟处理，如猪牛羊、鸡鸭鹅、鱼类等

做好熏菜的关键主要是掌握好火候，熏重了色发黑、味苦，熏轻了则色、味不够

实例 1　生熏鱼片

"熏"是鲁菜常用的烹调技法之一，成菜色泽红黄，具有烟熏的香气，风味独特，是夏秋时令佳肴。熏鱼一般是过节餐桌上常有的冷菜，熏鱼的口味随地方不同在最后工序上有所不同。"生熏鱼片"略脆略软，鱼香满溢，慢慢品味，唇齿留香，别有一番滋味。

菜品名称		生熏鱼片
原料	主料	黑鱼肉 300 克
	调辅料	酱油 15 克，精盐 5 克，料酒 10 克，白糖 5 克，味精 1 克，香油 5 克，生姜 10 克，葱段 15 克
工艺流程		1. 原料初加工及切配：将黑鱼洗净，肉片成厚 0.5 厘米的大片，姜切成片 **关键点：**鱼片大小要均匀 2. 入味：用酱油、精盐、料酒、白糖、味精、姜、葱码味浸渍 1 小时 **关键点：**入味要均匀，味透及里。调味料量要适宜 3. 熏制：取铁锅 1 只，锅内放入湿木屑 100 克（加清水 50 克），上铺圆形铁丝网，网上铺青菜叶，菜叶上放葱段数根（以防鱼片烤熟粘网），再将腌好的鱼片放在葱段上，将锅盖严，然后将锅端至炉火上加热。先将水烧沸，蒸熟鱼片，水分烧干至锅烧红起烟时，揭开锅盖，从锅边撒白糖 10 克，再盖严，使鱼受浓烟熏制 0.5 小时即可取出 **关键点：**掌握好熏制时的火候，熏重了色发黑、味苦，熏轻了则色、味不够 4. 装盘成菜：将熏好的鱼片晾凉，刷上香油，装盘成菜即可
成品特点		色泽棕红，鱼肉鲜嫩，有特殊的烟熏香味
举一反三		用此方法将主料变化后还可以制作"熏蘑菇""熏牙片鱼""熏肉片""熏鸡肝"等菜肴

实例2 熏鸡

"熏鸡"色泽栗红、咸鲜微甜、香醇味美。制作熏鸡要选用一年生公鸡，因为一年的公鸡肉嫩、味鲜，而母鸡膛内脂肪太多，吃起来腻口。从选鸡到熏成要经过十六道工序，鸡经整形后，先置于加好调料的老汤中略加浸泡，然后入锅慢火煮2小时，快熟时放盐，

再煮至烂而连丝时出锅，随后趁热熏烤，先刷上一层香油，再放入带有铁网架的锅中，锅底烧至微红时，投入白糖，将锅盖严，2分钟后将鸡翻动一次再盖严，经2～3分钟即可熏好。

菜品名称		熏鸡
原料	主料	嫩公鸡1只
	调辅料	姜块30克，料包1个（丁香、八角、桂皮、砂仁、肉蔻、白芷），精盐5克，糖色、鸡油、花生油各适量
工艺流程		1. 原料初加工：将鸡洗净，手提鸡脖子用沸水浇淋鸡的全身，使鸡紧皮，然后用洁布擦干水分
		关键点： 水要热，要反复浇淋几遍
		2. 上色炸制：将鸡别成烧鸡状，抹匀糖色，下入热油（200℃）中，炸至色泽深红后捞出，控净油
		关键点： 油温要高，上色要匀，皮要炸挺
		3. 煮制：锅内加入清水，放入拍过的姜块，加入料包、精盐，烧沸后放入炸好的鸡，用旺火煮30分钟，熟后稍焖，控净汤汁
		关键点： 掌握好煮制的时间，鸡要煮熟透
		4. 熏制：熏锅底部放入松柏枝、枣木锯末，再放入铁网架，放上鸡，用小火烧熏，半小时翻一次，熏至鸡呈枣子色为度，出锅抹上鸡油即可
		关键点： 掌握好熏制时的火候，熏重了色发黑、味苦，熏轻了则色、味不够
		5. 装盘成菜：食用时片成片或剁成块装盘即成

续表

菜品名称	熏鸡
成品特点	色泽栗红，咸鲜微甜，香醇味美，入口软糯，烟香味浓郁
举一反三	用此方法将主料变化后还可以制作"豆豉熏鱼""熏猪手""熏凤翅""熏大肠""熏鱼""熏肉"等菜肴

第四章

制作冷拼类菜肴

学习目标

1. 了解冷拼的类型与特点
2. 掌握制作冷拼类菜肴的步骤及方法
3. 学会制作各种冷拼菜肴

第一节　一般拼盘

　　凡是做工精细、选料丰富、造型讲究，并带有象征性图案造型的冷拼菜肴，都属于一般冷拼菜肴。一般冷拼菜肴虽没有逼真的形象和生动的图案，但其造型清晰整洁，图案典雅大方，是一种较理想的一般造型冷拼菜。一般常见的冷拼装盘式样有馒头形、四方形、菱形、花朵形、桥梁形、马鞍形等。按照装盘的内容划分，一般拼盘有单拼、双拼、三拼、四拼等。

装盘的步骤

　　垫底 → 围边 → 盖面 → 衬托（点缀）

　　一般冷拼菜肴的特点：便于取料，可与烹调方法密切配合，制作较为方便，是很受厨师、食者欢迎的宴席冷拼造型菜。

学习目标

　　用凉菜原料制作一般拼盘，如双拼、三拼等。

关键工艺环节

　　拼摆。

关键工艺环节指导

　　拼摆的步骤：

1. 垫底	将边角料经刀工处理后放在盘的底部，形成一个不整齐的面（软面）	垫底时要充分利用原料，垫底原料要大小适中，要符合食用与美观的要求
2. 盖面	将垫底的原料表面盖上质量好、形状整齐的原料，形成一个整齐的面（硬面）	盖面时要将质量最好、最整齐的原料盖在垫底的碎料上，压住围边的原料
3. 点缀	将主体部分用其他原料进行装饰、围边	点缀要起到画龙点睛的作用，不可画蛇添足，点缀品要符合卫生要求

实例1 单拼盘

"单拼"是指用一种凉菜原料，经简单拼摆后形成简易的造型图案的一种装盘手法，常用于宴席凉菜的造型，主要以食用冷盘为主要表现形式。单拼盘拼摆简单但不失美观，用料灵活，可荤可素。

菜品名称	单拼盘	
原料	主料	卤鸭200克
	调辅料	香菜、红樱桃等
工艺流程	1. 垫底：将卤鸭中较次的原料（如颈、头、翅尖），斩成小块垫在盘底 **关键点**：垫底原料不宜过大、过多，要均匀，符合食用与美观的要求 2. 围边：将卤鸭中较好的原料用直斩或拍刀斩的方法，斩成长约5厘米、宽1.5厘米整齐的块，围在垫底原料的两边 **关键点**：围边和盖面原料要大小一致，间隔距离相等，不能连刀 3. 盖面：将最好的原料用斩或片的方法切成同样大小整齐的刀面，盖在垫底原料的上面，使其成为一定的形状 **关键点**：刀工要精细，码面要整齐美观，馒头形要圆整 4. 点缀成菜：用香菜、红樱桃等点缀即可	
成品特点	干香醇厚，造型简单，整齐美观	
举一反三	用此方法还可以将原料码成拱桥形、宝塔形、花朵形、四方形、马鞍形、菱形等式样	

实例2 双拼盘

　　"双拼"是指用两种凉菜原料，经简单拼摆后形成简易的造型图案的一种装盘手法，常用于宴席凉菜的造型。双拼盘通常为一荤一素，口味各异，色彩分明，造型简单美观。

菜品名称	双拼盘	
原料	主料	卤水牛肉150克，卤水豆腐100克
	调辅料	蓝花3朵、香芹5棵
工艺流程		1.切配：将卤水牛肉切成长7厘米、宽4厘米、厚3厘米的长方块 **关键点**：刀工要精细，块的厚度要均匀 2.垫底：将修剪下来的卤牛肉切小片装在盘中，呈铁饼形底坯 **关键点**：垫底原料要切细，以使盖面平整 3.盖面：将卤牛肉块切成长方片，沿盘边由里及外盖在垫底原料上面，在顶部盖上卤水豆腐（切成斜刀片） **关键点**：片要切得薄而均匀，排叠间隔距离要相等。码面要整齐美观，荷花瓣形要形象而完整 4.点缀成菜：用蓝花和香芹恰当点缀即可
成品特点		取料方便，色彩分明，造型简单美观
举一反三		用此方法还可以制作围边式双拼、软硬面结合式双拼、八卦图式双拼等

实例3　三拼盘

　　"三拼"是指用三种凉菜原料，经拼摆后形成简易的造型图案的一种装盘手法，常用于宴席凉菜的造型。三拼盘通常为两荤一素或一荤两素，口味各异，营养丰富，色彩分明，造型简单美观。凉菜原料通过拼摆，既能烘托宴席的气氛，又给人以美的享受。

菜品名称		三拼盘
原料	主料	酱牛肉150克，卤猪耳100克，酱牛肚100克
	调辅料	西红柿1个，香菜少许
工艺流程		1.切配：将酱牛肉、卤猪耳、酱牛肚分别切片 **关键点**：刀工成型整齐均匀，厚薄要一致 2.拼摆成型： （1）将猪耳片在盘的一侧堆叠成拱桥形。两边的两个半圆形盖边可不摆放 （2）将牛肚片在盘的另一侧叠成拱桥形 （3）把酱牛肉两片交叉叠压在盘的中间也叠成拱桥形，压于猪耳和牛肚的内侧，使三者连接在一起成一座拱桥 **关键点**：堆码整齐均匀，堆叠高度要一致，造型要美观大方 3.点缀成菜：西红柿修成花形，加香菜恰当点缀即可
成品特点		荤素搭配，色泽鲜明协调，口味干香
举一反三		用此方法还可以制作三角对称式、整齐排列式、间隔摆放式、排围式等三拼盘

第二节　什锦拼盘

什锦拼盘是将数量均等的多种凉菜原料，经过一定的加工处理，按照特定的要求，整齐地装在同一盘中的一类艺术拼盘。制作什锦拼盘技术要求较高，难度较大，整个拼盘要有一定的几何形状或图案。

什锦拼盘制作工艺流程

垫底 → 盖面拼摆 → 点缀

什锦拼盘的特点：原料多样，口味丰富，色彩鲜艳，造型整齐美观。

学习目标

用凉菜原料制作什锦拼盘，如什锦大花拼等。

关键工艺环节

拼摆。

关键工艺环节指导

什锦拼盘的拼摆步骤与一般拼盘基本相同，但要求不同。

1. 垫底	什锦拼盘一般要选择6种以上凉菜原料，垫底要平整。为了美观，可边缘低，
2. 盖面	中间略高，刀工要精巧细腻，造型整齐，美观大方，色彩鲜艳协调，选料丰富
3. 点缀	多样，口味变化多端

实例　什锦大花拼

"什锦"意为色彩多样化，选用不同色彩的各种原料，经拼摆后表现出精美的图形或图案，多用于中高档宴席冷菜的造型。什锦大花拼成品选料多样，口味丰富，色彩鲜艳，造型整齐美观，对于烘托宴席气氛，调节客人心情具有很好的效果。

菜品名称		什锦大花拼
原料	主料	卤牛肉100克，黄、白蛋糕各100克，熟火腿100克，凉拌熟胡萝卜100克，凉拌莴笋100克，午餐肉100克，叉烧肉100克，盐水虾150克
	调辅料	凉拌发菜50克，黄瓜50克，红樱桃1粒
工艺流程		1. 原料初加工及切配：将卤牛肉、黄白蛋糕、熟火腿、熟胡萝卜、莴笋、午餐肉、叉烧肉修切成长10厘米、高2厘米、宽4厘米以上的粗坯 **关键点**：粗坯造型要整齐均匀，美观大方 2. 垫底：取直径为54厘米的圆盘一只，将以上修切下来的边角料切成薄片，分别间隔垫在盘底，形成8个全等的三角形，盘边留出5厘米。按顺时针方向将熟胡萝卜、卤牛肉、熟火腿、白蛋糕、叉烧肉、莴笋、午餐肉、黄蛋糕摆放好 **关键点**：每种原料所占的盘面要均等，为45°的扇面，四条对角线要直 3. 盖面拼摆： （1）将以上修好的粗坯分别切成厚0.2厘米的片，每种共10片，按一定的间隔距离排成扇形，按以上的顺序分别盖在相同的原料上面 （2）在盘中间的圆孔内堆上凉拌发菜，呈高出盖面的馒头形，在发菜与盖面的交接处围上盐水虾 **关键点**：盖面的薄片应厚薄均匀，大小一致。各种原料离盘边缘距离要均等，发菜及盐水虾摆放要圆整 4. 点缀成菜：黄瓜切成半圆形薄片，沿盘边围一圈，发菜中间摆上红樱桃即成
成品特点		原料多样，口味丰富，色彩鲜艳，造型整齐美观
举一反三		利用不同口味的6种以上凉菜原料，拼摆出造型美观大方、色彩鲜艳协调、刀工精巧细致、码面整齐的拼盘，均为什锦拼盘

第三节　花色拼盘

花色拼盘是在保持原料营养成分的基础上，将各种色、香、味俱佳的凉菜原料按照宴席规格的要求，采用不同的刀法和拼摆技巧，制作成形神兼备、具有仿真效果的飞禽、走兽、花卉、植物等图案或图形的冷菜拼盘。表现形式主要有动物艺术造型、花卉器物造型、风光造型、一般图案造型等。

花色拼盘的拼摆步骤

构思→选料→预加工→拼制底坯→拼摆成型→点缀修饰

花色拼盘的特点：构图新颖，形态逼真，色彩悦目，层次分明，刀工精细，均匀一致，美观实用。

学习目标

用凉菜原料制作花色拼盘，如风景造型类、器物造型类、动物造型类等。

关键工艺环节

拼摆。

关键工艺环节指导

拼摆步骤：

1. 构思	对拼摆的图形、图案进行设计	要掌握一定的美学知识，这是制作好花色拼盘的基础
2. 选料	根据图形要求选择恰当的原料	选料必须注重实用且要物尽其用，色泽要鲜艳和谐
3. 拼摆成形	按照垫底→组装成形→点缀的顺序进行成形拼摆	巧妙运用排、堆、叠、摆、围、覆等拼摆手法

实例1 荷塘小景

"荷塘小景"表现了月光下秋夜荷花盛开的情景，造型新颖，富有情趣，口味各异，富于营养，多用于大型宴席冷菜造型，对于烘托宴席的气氛，调节客人的心情具有很好的效果。

菜品名称	荷塘小景	
原料	主料	卤冬菇50克，鲜黄瓜100克，鸡蛋卷、黄白蛋糕、酱猪肉、卤牛肉、卤猪口条各50克
	调辅料	炝黄瓜皮、青笋各40克，红泡椒、胡萝卜各适量
工艺流程	1. 原料初加工及切配：取48厘米（直径）平盘1只，选四朵大小均匀的冬菇做螃蟹壳。黄瓜切段，片出瓜皮，卷成瓜皮卷待用。另取一整条黄瓜竖放，一剖两半，片出两片整条瓜皮入味备用。黄白蛋糕、卤牛肉、酱猪肉、卤猪口条分别修成椭圆形待用。胡萝卜、青笋切片，焯水入味备用 **关键点：**刀工成型要整齐均匀	

续表

菜品名称	荷塘小景
工艺流程	2. 拼摆成型： （1）将卤牛肉、酱猪肉、蛋卷、黄白蛋糕、卤猪口条分别顶刀切成片，从盘的右侧适当位置，按顺序向盘的右下侧码放6种原料为山石形状（从上端开始依次为蛋卷、卤牛肉、黄蛋糕、酱猪肉、白蛋糕、卤猪口条） （2）黄瓜卷斜刀切成花瓣状，围放在山石左侧。红泡椒切成梳子花刀，放在山石的右侧，即成花草 （3）用小刀将整条瓜皮分别刻出小草，摆在山石右侧上端，向左弯曲。黄瓜皮切出荷叶柄 （4）用黄白蛋糕、火腿、胡萝卜、黄瓜、莴苣等摆出两朵荷花 （5）恰当点缀即可 **关键点：**刀工要精细，色泽搭配要合理，注意拼摆的形态和顺序。码面要整齐，各种造型美观大方
成品特点	造型美观，寓意深刻，口味多样，营养丰富
举一反三	用此方法还可以制作各种风景类拼盘，如"荷塘月色"等

实例 2　迎宾花篮

　　"迎宾花篮"表现喜庆而隆重的气氛，造型美观，色彩鲜艳，是热情、欢快的象征，用于招待贵宾、开业盛典等大型宴会冷菜造型，对于烘托宴席的气氛，调节客人的心情具有很好的效果。

菜品名称		迎宾花篮
原料	主料	火腿、黄、白蛋糕各 100 克，鸡蛋卷 50 克，酸辣黄瓜皮、拌银耳各 50 克，松花蛋 3 个，小香肠 100 克，熟鸡丝 50 克
	调辅料	红樱桃适量，胡萝卜 1 根，小西红柿 1 个，黄瓜 1 根
工艺流程		1. 原料初加工及切配：取直径 54 厘米平盘 1 个。火腿、黄蛋糕、白蛋糕修成月牙形实体。胡萝卜切月牙片，焯水后入味。黄瓜皮切宽条，打出锯齿形。松花蛋切成荷花瓣。银耳焯水后入味。另取黄瓜皮刻出花叶 6 片。红樱桃一剖两半备用 **关键点**：原料成型要整齐，符合拼摆花篮的要求 2. 拼摆花篮： （1）将鸡丝在盘的底部堆出花篮的初坯。松花蛋切荷花瓣，从初坯下端两侧向中间码出第一层为花篮底 （2）自底座开始，按白蛋糕、黄蛋糕、胡萝卜、黄瓜皮、火腿、鸡蛋卷的顺序，从两端向中间码置出花篮主题（其中，黄瓜皮切出的锯齿片码在第四层，鸡蛋卷切圆片码在花篮最上层，两端突出主体） （3）小香肠切成斜刀片，鸡蛋卷切圆片。先在主体两侧各码一行鸡蛋卷，再用小香肠片围绕这两行蛋卷码出大小两个"∞"字形，成花篮的边缘。另取黄瓜皮，刻出花篮提梁，放在上端 **关键点**：花篮底座轮廓大小高低要恰到好处，刀工精细，排列整齐，层层间隔恰当 3. 点缀：将黄瓜片刻出 6 片花叶，在花篮边缘上端码置一圈，然后将银耳放在叶上。红樱桃切成两半，摆在花篮底座之下，作装饰物
成品特点		用料多样，口味丰富，适用于各种宴席
举一反三		用此方法还可以制作各种器物类拼盘，如"一帆风顺"等

第五章

制作炸、炒、爆、烹、熘类菜肴

学习目标

1. 了解炸、炒、爆、烹、熘的工艺流程与特点
2. 熟悉炸、炒、爆、烹、熘类菜肴的制作方法及要领
3. 学会用炸、炒、爆、烹、熘的方法制作各种菜品

第一节　炸

　　炸是将经过加工处理的原料放入多量的油锅中，利用油的传热作用使其成熟的一种烹调方法。炸的应用范围很广，既是一种能单独成菜的方法，又可以配合其他烹调方法共同成菜。炸制原料的过程中，油不但起着传热的作用，也起着调味、去异味、增香味的作用。炸按菜品质感和着衣情况不同可分为清炸、干炸、软炸、酥炸、脆炸、板炸、卷包炸、松炸等；按加热方式不同还可分为过油炸、油淋炸、油浸炸等。

炸的工艺流程

　　刀工处理→腌渍→着衣或不着衣处理→下油锅炸制→带佐料上桌

　　炸制菜肴的特点：以油为传热介质，无汤汁、无芡汁，具有香、酥、脆、嫩等特点。

学习目标

　　用炸的方法制作菜肴，如"清炸腰花""干炸豆腐丸子""软炸虾仁""香酥鸡""油泼豆莛"等。

关键工艺环节

　　炸制。

一、清炸

清炸是指原料不经过拍粉、挂糊或上浆，用调料腌渍后，投入油锅，用中火炸熟成菜的烹调方法。主要适用于新鲜易熟、质地细嫩的畜、禽等肉类原料。

清炸的工艺流程

刀工处理 → 腌渍 → 油炸 → 复炸 → 装盘

清炸菜肴的特点：由于原料不挂糊、不拍粉直接炸制，因此成品外香脆、内鲜嫩，清香扑鼻。

关键工艺环节指导

1. 清炸方法

清炸的关键在于掌握火候及控制油温。

油量	油温	火力
一般情况下，油与原料的比例约为 4：1	原料的质地老嫩、形态大小、含水量不同，所需油的温度是不同的，要灵活掌握，恰当运用。如形态大的、含水量多的，油温控制在 120～180 ℃；形态小的、含水量少的，油温控制在 120～150 ℃。需要炸至酥脆的原料要进行复炸，复炸的油温在 200 ℃左右	火力的大小要根据成品的口感、原料的质地、加热时间的长短等因素来决定。一般情况下，清炸要用小火或中火

2. 清炸的技巧

（1）原料成型以块状为主，整体原料形体要较小。

（2）原料要先腌制入味、确定好基本口味。

（3）形态小的原料要用高油温炸两次或多次。因为原料形小传热快，长时间在高温油中炸制，会过多地失去原料中的水分，导致原料老而不嫩。

（4）形态大的原料开始要用高温油炸，以保持原料形态不变，中途改用温油炸，以使油温逐渐渗入原料体内，出锅前再改用高温油炸，使原料内不含多余的油。

实例 清炸腰花

　　"炸"作为烹调技法出现于青铜炊具诞生之后，周代"八珍"中的"炮豚"使用到的就是炸法。唐代称为"油浴"，如"油浴饼"。至宋代，炸法已较多应用，如"油炸鲂鱼"等。"清炸腰花"用清炸技法烹制而成，形状美观，美味可口，是鲁菜传统菜品之一。

菜品名称		清炸腰花
原料	主料	鲜猪腰 500 克
	调辅料	葱、姜、蒜末共 10 克，料酒 15 克，精盐 2 克，味精 1 克，淀粉、花生油适量
工艺流程		1. 原料初加工及切配：将猪腰洗净，撕去外膜，一片两半，片去腰臊。在片开的猪腰内面剞麦穗花刀，再切成宽 1.5 厘米的长条 **关键点**：猪腰要漂洗干净。花刀要均匀一致，深度要恰到好处，尤其直刀纹的深度必须达到原料厚度的 4/5 2. 腌制入味：将腰花放入碗内，加入葱、姜、蒜末、料酒、精盐、味精等稍腌，再放入淀粉抓匀 **关键点**：腌制的时间要控制在 10 分钟左右，不宜过短，以免入味不足，影响成品口味 3. 炸制装盘：锅内加入花生油烧热至 170 ℃左右，将腰花下入锅内，用筷子拨散，炸至其漂起时捞出装盘。上桌时外带花椒盐佐食 **关键点**：掌握好油温，一般不低于 170 ℃；注意炸制时间不宜过长，以腰花漂起时为宜
成品特点		形状美观，味咸鲜，清香可口
举一反三		用此方法将主料变化后还可以制作"炸金蝉""炸蝗虫""炸豆虫"等。将原料腌渍入味后还可以制作"清炸里脊""清炸大肠""清炸鸡胗""清炸铁雀""清炸肉鸽""清炸仔鸡"等菜肴

二、干炸

干炸是指将原料用调味品腌渍后，再挂糊或拍粉投入到旺火热油内炸熟成菜的一种烹调方法。干炸适合于质地较嫩的动物性原料。

干炸的工艺流程

刀工处理 → 腌渍 → 挂糊或拍粉 → 炸制 → 复炸 → 装盘

干炸菜肴的特点：外焦脆、里软嫩，干香、咸鲜，色泽淡黄。

关键工艺环节指导

1. 干炸的方法

干炸的方法主要有以下三种：

将原料腌渍入味后，拍干淀粉或挂上一层水粉糊再炸制	原料与油量的比例为 1：3，油温控制在 120 ～ 150 ℃，火为小火。复炸的油温在 200 ℃左右
将原料先制成茸泥再挤成球状，直接下油锅炸制	原料与油量的比例为 1：3，油温控制在 120 ～ 150 ℃，火为中小火。复炸的油温在 200 ℃左右
将原料加工成茸泥制品，经过包裹或直接蒸制成熟定型，再加工成块状，然后炸制	原料与油量的比例为 1：3，油温控制在 120 ～ 180 ℃，火为中小火。复炸的油温在 200 ℃左右

2. 干炸的技巧

（1）适用于质地细腻、鲜味充足的动、植物性原料。

（2）原料成型主要以块、片、整料状（如鱼）、圆形（丸子）为主。

（3）炸制时要控制好油量和油温，成品要具有外焦里嫩的口感。

（4）炸制的时间要比其他炸法长一些。一般情况下，开始时要用高油温炸制定型，中途再改为中小火炸至原料里外均匀，最后再用高油温炸一下，使原料所含多余的油渗出。

实例　干炸豆腐丸子

干炸是鲁菜擅长的烹调方法，成菜色泽金黄，多以椒盐佐食。"干炸豆腐丸子"外酥内嫩，滋味鲜美，是泰安名菜。豆腐有益中气，和脾胃，健脾利湿，清肺健肤，清热解毒，下气消痰之功效。

菜品名称		干炸豆腐丸子
原料	主料	嫩豆腐 750 克
	调辅料	海米末 50 克，香菜末 5 克，姜牙末 5 克，精盐 3 克，味精 1 克，甜面酱 5 克，葱末 5 克，干淀粉 750 克，鸡蛋 1 个，花椒盐 10 克，花椒粉 1 克，花生油 1 000 克（约耗 75 克）
工艺流程		1. 原料初加工及切配：将嫩豆腐入笼蒸 15 分钟，晾凉后放在案板上，将豆腐用刀面压成泥，盛入大碗中，加入鸡蛋、海米末、姜牙末、香菜末、精盐、味精、甜面酱、葱末、花椒粉拌匀成馅 关键点：入味要均匀、适度 2. 制丸：将入好味的豆腐泥制成直径 3 厘米的丸子，再在丸子外面粘上一层干淀粉 关键点：丸子大小要均匀一致、形态圆滑 3. 炸制：炒勺放旺火上，倒入花生油烧至 150 ℃时，将丸子逐个下入油锅中炸 1 分钟捞出 关键点：豆腐丸子下油锅炸制前要粘上一层干淀粉，以保证其外形完整。炸豆腐丸子时火不能大，否则易发黑 4. 复炸成菜：待油温升至 200 ℃时，再将丸子放入油内炸至金黄色捞出，摆入盘内即可。上桌时配花椒盐或糖醋汁为佐料 关键点：炸透后要进行复炸，以保证豆腐丸子外酥里嫩
成品特点		外酥内嫩，滋味鲜美
举一反三		用此方法将不同的原料入味挂糊后还可以制作"干炸里脊""干炸棒子鱼（拍粉干炸）""干炸黄花鱼""干炸赤鳞鱼"等菜肴

三、软炸

软炸是将质嫩且形小的原料，经调味挂软炸糊后，用油炸至熟透成菜的一种烹调方法。适宜软炸的原料有鲜嫩易熟的鱼虾、鸡肉、猪里脊肉、肚仁、鸡鸭肝、土豆、口蘑等。

软炸的工艺流程

刀工处理 → 腌渍 → 挂软炸糊 → 炸制 → 复炸 → 装盘

软炸菜肴的特点：色泽淡黄，外酥香、内鲜嫩。

关键工艺环节指导

1. 软炸的方法

软炸的方法有两种：

全蛋糊软炸法	用全蛋液与面粉（5：3）或淀粉（3：2）或兼而有之，加入调味品调制成软炸糊，再将原料挂糊炸制	原料与油量比为1：3，油温120～150℃，中小火。加热时间依据原料性质灵活掌握
蛋清糊软炸法（传统做法）	用蛋清和面粉或淀粉(3：2)或兼而有之，加上调味品调制成软炸糊，再将原料挂糊炸制	原料与油量比为1：3，油温120～150℃，中小火。加热时间依据原料性质灵活掌握

2. 软炸的技巧

（1）动物性原料需用调料腌渍入味，植物性原料可直接挂软炸糊炸制。

（2）软炸要挂软糊，如蛋清糊。可一次炸制，也可两次炸制。一般先用温油初步炸制，使原料初步定型成熟后再用高温油炸，使原料最后定型成熟并定色。

（3）原料在高温油中的停留时间要短，以减少水分散发，保证原料软嫩、可口为宜。

（4）原料挂糊后要逐个下入油锅，炸后要掐去尖叉部分，使其外形美观。

实例 软炸虾仁

　　"软炸"是济南菜中较为独特的烹调技法之一，原料经炸制后还需趁热烹入少量清汁，清汁遇热"汽化"使炸过的原料外层微软。"软炸虾仁"在此基础上改良，采用挂软炸糊（鸡蛋糊）的方法，下入油锅炸制而成，上桌时带椒盐佐食，此菜具有补肾壮阳、健胃的功效。

菜品名称		软炸虾仁
原料	主料	鲜虾仁 200 克
	调辅料	鸡蛋 3 个，面粉 15 克，精盐 1 克，料酒 3 克，味精 1 克，花椒盐 10 克，猪油 1 000 克（约耗 50 克）
工艺流程		1. 原料初加工：将虾仁放清水中洗净，挤干水分
		2. 入味制糊：在虾仁中加入精盐、味精、料酒拌匀。鸡蛋与面粉搅成糊
		关键点：糊不能过厚，否则影响虾仁的质地
		3. 炸制：炒勺内加入猪油，烧至 120 ℃时，将虾仁粘一层鸡蛋糊，放入油中炸至金黄色时捞出控净油
		关键点：掌握好火候和油的温度，不可过高或过低，过高易炸煳，过低易脱糊。保证成品颜色呈淡黄色
		4. 装盘成菜：将炸好的虾仁装入盘中，配花椒盐上桌即可
		关键点：提前制作好花椒盐（花椒面与熟盐以 3：2 混合）
成品特点		色泽淡黄，虾肉鲜嫩
举一反三		用此方法将主料变化后还可以制作"软炸凤尾虾""软炸蹄筋""软炸里脊""软炸鸡块"等菜肴

四、酥炸

　　酥炸是指将煮熟或蒸熟的原料挂酥炸糊或直接炸制成菜的烹调方法。挂糊的大多是脱骨的原料。

酥炸的工艺流程

刀工处理 → 腌渍 → 挂酥炸糊或蒸制 → 炸制 → 复炸 → 装盘

酥炸菜肴的特点：成菜酥、香、肥、嫩。

关键工艺环节指导

1. 酥炸的方法

酥炸的方法有两种：

挂糊炸法	将加工好的原料挂酥炸糊炸制	一种是发粉糊，用少量水将发粉澥开，再加入足量的清水，放入发酵粉、食盐调至均匀，再拌入其他调料，如香油、五香粉或花椒粉等。另一种是香酥糊，用鸡蛋、面粉或淀粉、油、水和其他调味品（盐、胡椒面等）调制而成，其中油和鸡蛋都有起酥的作用。根据制品的颜色要求，还可调制蛋黄糊或蛋清糊 原料与油量比为 1：3，油温 120～150 ℃，中小火。加热时间依据原料性质灵活掌握
直接炸制法	原料用调料腌渍后，经蒸或煮等前期熟处理制熟，再用油直接炸制，或挂糊炸制	原料与油量比为 1：4，油温 120～180 ℃，中小火。加热时间依据原料性质灵活掌握。复炸的油温在 200 ℃ 左右

2. 酥炸的技巧

（1）原料挂糊要薄厚适当。挂糊过厚，原料扩张，过大过厚；挂糊过薄，则不易起酥。

（2）原料挂糊下油锅炸时，须待糊定型时方可用手勺不停地推动、翻转，以防止炸出的成品色泽不均匀。将原料炸透后可分次捞出，最后再在高温油中炸一下。

（3）经过蒸、煮熟烂的原料，要用漏勺托炸，以保证其外形完整。

（4）蒸熟或煮熟的原料一般要事先调好口味。

实例　香酥鸡

"香酥鸡"是山东传统风味菜肴，遍及济南、青岛、烟台、淄博、济宁等饭店，以青岛最为擅长。制作"香酥鸡"须用当年的雏鸡，以高汤蒸熟，火候至烂，鲜香袭人，入油再炸，焦酥异常。

菜品名称		香酥鸡
原料	主料	雏鸡1只
	调辅料	葱姜片30克，料酒10克，八角、丁香、花椒适量，酱油10克，白糖15克，精盐5克，味精1克，清汤适量，花生油适量，花椒盐25克
工艺流程		1.原料初加工及切配：将雏鸡去嘴、爪、翅尖，洗净。从鸡背自脖颈至后尾劈为两半，剔去筋骨；在靠近鸡头处砸断鸡颈，砸断鸡翅大转弯，在鸡大腿内侧和小腿外皮开一刀口，把小腿骨砸断抽出，再将大腿骨下关节处砸断，在刀口处抽出大腿骨 **关键点：**鸡体保持卫生洁净。骨要剔净，鸡体保持完整 2.腌制：用花椒、精盐抹匀鸡的全身，把葱姜片、八角、丁香、花椒一起塞入鸡腹内 **关键点：**要放置一段时间，使鸡体充分入味 3.蒸制：将鸡放入净盆内，加入料酒、酱油、白糖、精盐、味精、清汤，放入蒸锅内蒸至熟烂取出，控净汤汁，剔除葱姜、八角、丁香、花椒等，用酱油抹匀鸡的全身 **关键点：**鸡要蒸透蒸烂 4.炸制：锅内加入花生油烧至120℃，下入蒸好的雏鸡炸至金黄色捞出控油 **关键点：**油温不宜过高，以免炸焦 5.改刀装盘：将炸好的雏鸡切成长块，按鸡的原形摆入盘内，带花椒盐佐食即可 **关键点：**切块要均匀，装盘保持鸡的原形
成品特点		色泽红润，鸡肉香酥，肉烂味美，以原鸡形装盘上席
举一反三		常见的品种还有"酥炸黄花鱼""酥炸鱼条""酥炸蛎黄""炸椿鱼"（鱼肉卷入香椿芽挂酥糊同炸）等菜肴

五、脆炸

脆炸是将带皮的原料（如整鸡、整鸭）先用沸水浸烫，使外皮绷紧，并在表面挂一层饴糖，经吹干后投入热油中炸至深黄色后，再用油浸熟成菜的烹调方法。也可将原料调味后，用皮状的食品（如豆腐皮）包裹后，直接入油锅中炸制或外面挂一层脆糊再炸制。

脆炸的工艺流程

刀工处理 → 预熟处理 → 腌渍入味 → 挂饴糖或挂脆糊 → 炸制 → 复炸 → 改刀装盘

脆炸菜肴的特点：成菜皮脆、肉嫩、滑香。

关键工艺环节指导

调制脆糊与炸制：

调制脆糊	水淀粉75克，吉士粉2克，鸡蛋清5个	将淀粉和2个蛋清放入碗中搅匀，再放入吉士粉调成脆糊
炸制（油温）	先用高温油（200 ℃左右）进行定型炸，再用温油（120 ℃左右）进行浸透炸，最后用高温油（200 ℃左右）进行吐油炸	用手勺根据火候及油温情况不断翻动原料，使其色泽、成熟度一致，达到外脆里嫩的质感

实例　脆皮鲜奶

"脆皮鲜奶"是将加工好的半成品食材蘸脆浆后入油锅炸制而成。成菜多色泽淡黄（金黄），外香脆、里鲜嫩，光润饱满，具有生津止渴、滋润肠道、清热通便、补虚健脾等功效，适用于虚弱劳损、气血不足、病后虚羸、年老体弱、营养不良等症。

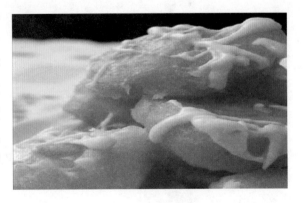

菜品名称	脆皮鲜奶	
原料	主料	鲜牛奶 300 克
	调辅料	鸡蛋清 5 个，精盐 1 克，白糖 50 克，干面粉 50 克，水淀粉 75 克，吉士粉 2 克，植物油 1 000 克（约耗 75 克）
工艺流程		1. 调奶：大碗中加入鸡蛋清 3 个、牛奶、面粉、精盐、白糖搅匀，放入勺中加热成糊状，起勺倒入抹过油的方盒中，放冰箱冷凝后取出切成长方条 **关键点**：掌握好火候，防止煳锅底。方盒事先抹好油，以便取出 2. 调制脆糊：将淀粉和 2 个鸡蛋清放入碗中搅匀，再放入吉士粉调成脆糊 **关键点**：调好的脆糊应放置 2 ~ 3 小时后使用，以使其符合脆糊要求 3. 挂糊炸制：炒勺置旺火上，倒入植物油烧至 90 ℃左右，将冷凝的鲜奶粘匀脆糊，入油中炸至金黄色时捞出，整齐地摆入盘中即可 **关键点**：入油炸制过程中，待原料浮于油面时要立即捞出
成品特点		色泽金黄，外脆内软，香甜可口，奶香味浓郁
举一反三		用此方法将主料变化后，可以制作"脆皮荷花"（将两半荷花之间夹上一层豆沙或肉泥或虾、鱼泥，外挂脆糊下油锅炸制而成）"豆沙脆皮卷"（用煎饼做皮，卷入豆沙后，直接下油锅炸制而成）"脆皮大肠""脆皮香蕉"等菜肴

六、板炸

板炸是将原料入味后，先拍上一层干淀粉，再拖上一层鸡蛋液，最后滚上一层面包渣入油中炸制成菜的烹调方法。一般适用于质地鲜嫩的动物性原料，如里脊肉、鸡胸肉、鱼、虾肉等。

板炸的工艺流程

腌渍入味 → 拍粉 → 拖蛋液 → 滚面包渣 → 炸制 → 改刀装盘

板炸菜肴的特点：色泽金黄，外酥脆，里鲜嫩，干香醇厚。

关键工艺环节指导

1. 板炸的方法

板炸的关键在于掌握火候及控制油温。

油量	油温	火力
一般情况下，油与原料的比例约为 3 : 1	板炸原料表面需粘上一层面包渣或芝麻，油温过高易炸煳，应控制在 120 ~ 150 ℃	火力的大小要根据成品的口感要求、原料的质地、加热时间的长短等因素来决定。一般情况下，板炸要用小火或中火

2. 板炸的技巧

（1）选用质地鲜嫩的动物性原料。

（2）原料要事先腌渍入味，然后再拍粉、拖蛋液、滚面包渣。

（3）面包渣要搓细、粘匀原料，保证外形整齐美观。

（4）原料成型以大片形为主。炸制成熟后要改刀成条状，以便于食用。

实例　板炸鱼排

山东济宁素有名菜"四排"，即鱼排、虾排、鸡排和肉排。"板炸鱼排"选用肉厚质佳、细嫩鲜美、营养丰富的草鱼，片成大片，经腌制、拍粉、拖蛋、滚面包渣后炸制而成。上桌前改刀装盘，带椒盐佐食。经常食草鱼可起到抗衰老、养颜的功效。对于食欲不振的人来说，吃草鱼可起到健脾胃、增食欲的效果。

菜品名称		板炸鱼排
原料	主料	净草鱼肉 250 克
	调辅料	面包渣 100 克，面粉 30 克，鸡蛋 2 个，料酒 20 克，味精 1 克，胡椒粉 1 克，葱、姜各 3 克，精盐 5 克，花生油 1 000 克（约耗 50 克）
工艺流程		1. 原料初加工及切配：将净草鱼肉片成厚 0.4 厘米的大片，淋上料酒，撒上葱姜末、精盐、胡椒粉、味精腌渍入味。鸡蛋打入碗中，搅匀成蛋液 **关键点：**片的厚度要一致，入味要均匀 2. 拍粉、拖蛋液、滚面包渣：先将腌渍好的鱼片两面拍一层干面粉，在鸡蛋液中拖一下，使两面蘸匀蛋液，再粘上一层面包渣，并用手轻轻压实，成"板形" **关键点：**鱼片拖蛋要均匀一致，面包渣要粘牢固，不脱落。无面包渣时，可用馒头渣代替 3. 炸制：炒勺内放入花生油，待油温升至 200 ℃时，把鱼排逐片入油锅内炸制，待呈金黄色时捞出，控净油 **关键点：**掌握好火候，控制好油温，小火慢炸，保证成品色泽金黄 4. 改刀装盘：将炸好的鱼排改刀成宽 2 厘米的条，整齐地装入盘内即可 **关键点：**改刀要整齐均匀

续表

菜品名称	板炸鱼排
成品特点	色泽金黄，外皮酥脆，鱼肉鲜嫩
举一反三	用此方法将主料变化后，还可以制作多种菜肴，如"炸鸡排""炸板肉""芝麻鱼排"（用洗净搓去皮的芝麻代替面包渣）"萝卜肉"（将精肉剁成泥，调好味，用手团成胡萝卜状，经拍粉、拖蛋液、滚面包渣，炸至熟透后，将粗的一头插上菜心即可）等

七、卷包炸

卷包炸是卷炸和包炸的合称，指将加工成丝、条、片、粒、泥等鲜嫩无骨的原料，加调味品调拌均匀后，再用包卷皮料包裹或卷裹起来，投入热油锅中炸透成菜的一种烹调方法。卷包炸的具体操作方法有挂糊炸和不挂糊炸两种。适合卷包炸的原料主要有鱼虾、鸡鸭肉、猪肉、冬笋、火腿、蘑菇等。

卷包炸的工艺流程

刀工成型 → 调制入味 → 包卷成型 → 挂糊或不挂糊 → 炸制

卷包炸制菜肴的特点：外酥脆、内鲜嫩，保持原料原有的软嫩鲜香。

 实例 炸蛋卷

"炸蛋卷"是用卷炸法制作而成的一道传统菜肴，在鲁南地区地方风味中颇具盛名。"炸蛋卷"用蛋皮作为皮料，放入肉馅卷成卷状炸制而成，口感外酥香、内鲜嫩。炸制后可直接改刀装盘食用，也可加入汤汁、香菜、木耳等烩制后食用。

菜品名称		炸蛋卷
原料	主料	鸡蛋3只（约150克），猪五花肉馅300克
	调辅料	花生油1 500克（约耗100克），葱、姜米各25克，干淀粉5克，精盐2克，花椒粉5克，胡椒粉5克，料酒10克，味达美酱油10克，绵白糖5克，椒盐适量
工艺流程		1. 吊制蛋皮：将鸡蛋液放入碗内，加入精盐1克、淀粉5克，搅打均匀。锅置火上烧热，加花生油涂制冒烟，将油倒出，用干净的毛巾擦净油，将蛋液分3次吊制3张蛋皮 **关键点**：鸡蛋液要充分搅匀，吊制蛋皮前锅要涂好，尽量不留底油，防止粘锅或蛋皮起皱 2. 馅料调制：五花肉泥加入事先准备好的葱、姜米、料酒、味达美酱油、花椒粉、胡椒粉、绵白糖搅匀，再加入清水10克，精盐1克，继续搅匀上劲成馅 **关键点**：五花肉馅加入调味品后要反复搅打上劲，保证馅料质地鲜嫩有弹性 3. 卷制蛋卷：将鸡蛋皮平铺在菜墩上，放上馅料（每张蛋皮放100克馅料），用刀将馅料抹平，将蛋皮从一端向另一端卷成蛋卷，共卷3个蛋卷 **关键点**：肉馅要用刀具抹平，厚薄要均匀，成卷后要在蛋皮末端粘上湿淀粉，防止蛋卷松开 4. 炸制：花生油倒入锅内烧至90 ℃时，放入卷好的蛋卷用小火慢慢炸制熟透，捞出控净油 **关键点**：油炸时要控制好油温，油温控制在90～120 ℃之间，防止油温过高导致蛋卷外焦里不透 5. 改刀装盘：将炸好的蛋卷切成马蹄块，均匀摆放在盘内，带椒盐上桌即可 **关键点**：改刀时，马蹄块要切得整齐均匀，大小一致，并保持形态完整美观
成品特点		色泽金黄，口感外酥里嫩，味醇厚干香
举一反三		用此法将主料变化后还可制作"炸卷尖""纸包鸭""纸包虾""纸包鸡"等

八、松炸

松炸是将加工成型的原料调味，挂上蛋泡糊（雪丽糊），放入温油慢火炸熟成菜的烹调方法，上桌时外带花椒盐。松炸的特点是典雅华贵，技术要求高、制作难度较大。松炸的制作关键在于搅打蛋泡糊，搅打蛋泡糊要按一个方向进行，不能沾有水分或油渍。雪丽糊是松炸最理想的松炸糊。

松炸的工艺流程

原料初加工 → 入味 → 搅打雪丽糊 → 挂糊 → 炸制 → 装盘

松炸菜肴的特点：色泽洁白或微黄，质感暄软，香气浓郁。

关键工艺环节指导

调制松炸糊与炸制。

调制松炸糊	鸡蛋清3个，干淀粉10克	鸡蛋清放入汤盘内，用筷子按一个方向抽打至能立住筷子时，加入干淀粉，搅匀成雪丽糊（蛋泡糊）
炸制	油温90～120℃	加热时间的长短以原料不变黄色且熟透为宜

 实例　雪丽香椿

香椿又名椿芽、香椿头，被称为"树上蔬菜"。香椿一般分为紫椿芽和绿椿芽，以紫椿芽最佳。"雪丽香椿"是一道时令菜肴，鲜椿芽中含丰富的糖、蛋白质、脂肪、胡萝卜素和大量的维生素C，营养及药用价值十分可观，且有清热解毒、利湿、利尿、健胃理气的功效，香椿独特的味道还有醒脾开胃、增加食欲的作用。但香椿中硝酸盐和亚硝酸盐含量远

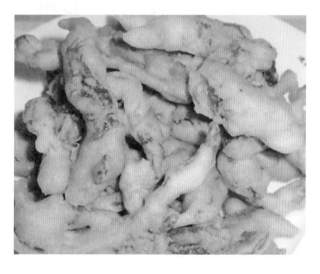

高于一般蔬菜，有生成致癌物亚硝胺的危险。因此，要选择香椿发芽初期的香椿芽，此时的香椿芽硝酸盐含量相对较低。

菜品名称		雪丽香椿
原料	主料	香椿芽150克
	调辅料	鸡蛋清3个，精盐2克，精粉5克，干淀粉10克，猪油1 000克（约耗50克）

续表

菜品名称	雪丽香椿
工艺流程	1. 原料初加工：将香椿芽去根洗净，放入小盘内，撒上精盐，用手轻轻揉搓均匀，腌渍透 **关键点**：揉搓时用力要轻，以免叶芽脱落 2. 搅打雪丽糊：鸡蛋清放入汤盘内，用筷子按一个方向抽打蛋液至能立住筷子时，加入干淀粉、精粉搅匀成雪丽糊（蛋泡糊） **关键点**：选择器具要洁净，将鸡蛋清用筷子按一个方向不停抽打 3. 挂糊炸制：将香椿粘匀雪丽糊入到90℃左右的油锅中，慢慢炸至熟透捞出，改刀装入盘内即可 **关键点**：挂糊要均匀。炸制时要掌握好火候，微火慢炸，不要将原料炸至上色，以保持白色为宜
成品特点	外微黄暄软，内碧绿鲜嫩，清香扑鼻
举一反三	用此法将主料变化后还可制作"雪丽大虾""炸脯酥鱼片""雪丽银鱼""雪丽大蟹"（将蒸好的蟹子把壳取下，分别把两只后大腿与连接身部的肉团一同取下，腌渍入味，挂上雪丽糊炸制）等

九、油淋炸

油淋炸是将鲜嫩的原料先煮熟或蒸熟，再置于漏勺上，用手勺淋热油于原料上，使原料内外熟透的一种特殊炸制方法。

油淋炸的工艺流程

原料初加工 → 刀工处理 → 入味 → 反复油淋炸制 → 装盘

油淋炸菜肴的特点：成菜光润鲜嫩，清香爽口。

关键工艺环节指导

炸制手法及油温控制。

手法	原料置于漏勺上，将热油反复浇淋于其表面	淋油要反复进行，直至将原料炸透，合标准为止
油温	油温控制在200℃以上	油温要高，否则原料炸不透

实例 油泼豆莛

"油泼豆莛"为孔府传统名菜。据传，一次乾隆帝在曲阜用膳甚少，陪侍在旁的衍圣公传话给厨房，让其想办法，恰好此时送来一筐新鲜的豆芽，厨师就将豆莛用热油泼浇之后上桌，乾隆帝尝过之后大加赞赏。豆莛也称豆芽，具有清热解毒、利尿除湿的作用。

菜品名称		油泼豆莛
原料	主料	豆莛（绿豆芽）300克
	调辅料	花椒15克，精盐2克，香油5克，花生油1500克（约耗50克）
工艺流程		1. 初加工：豆莛洗净，放入密孔漏勺内，沥净水分，将花椒用线串起，放在豆莛上面 **关键点**：花椒要用线串起，否则成菜后不宜去掉 2. 热油浇淋、装盘成菜：锅内加入花生油烧至150℃左右时，用手勺舀热油反复浇泼豆莛至刚熟（断生），控净油，去掉花椒，撒上精盐，滴上香油略拌装盘即可 **关键点**：油要热，反复浇淋至豆莛断生
成品特点		色泽油亮，清香鲜脆爽口
举一反三		用此方法将主料变化后还可以制作"油淋仔鸡""油淋黄花鱼""油淋肉鸽""油淋鸡肝"等菜肴

十、油浸炸

油浸炸是先将原料煮制或蒸制成熟，再撒上调味品，最后用适量的热油浇在原料上的一种烹调方法，主要用于活鱼，如"油浸蒜泥鱼"。

油浸炸的工艺流程

原料初加工 → 刀工处理 → 入味 → 蒸或煮制 → 浇淋调味品 → 浇淋热油成菜

油浸炸菜肴的特点：口感鲜嫩，味香辣适口，开胃爽口。

 实例　油浸蒜泥鱼

　　"油浸蒜泥鱼"是山东独具风味的传统菜品。选用活鲤鱼经初加工后，入开水锅煮至八九成熟，将调好味的蒜泥撒在鱼体表面，再将滚开的热油浇淋在鱼体上制作而成。成品口感鲜嫩，营养丰富，风味独特。常食鲤鱼可补脾健胃、利水消肿、通乳、清热解毒、止嗽下气，对各种水肿、浮肿、腹胀、少尿、黄疸、乳汁不通皆有益，对孕妇胎动不安、妊娠性消肿有食疗效果。

菜品名称		油浸蒜泥鱼
原料	主料	活鲤鱼1尾（约1 000克）
	调辅料	蒜泥150克，精盐5克，醋50克，香油5克，料酒5克，花生油100克
工艺流程		1. 原料初加工及切配：将鲤鱼刮鳞、扣鳃、去内脏，洗涤干净，用洁布擦去鱼身上的黏液，打上柳叶花刀
		关键点：花刀均匀一致，深度不可过深，以免破碎
		2. 煮制：将加工好的鲤鱼放入水锅中，旺火烧开，撇去浮沫，加适量精盐，再改为中火将鱼煮至嫩熟，捞出放入鱼盘内，沥净汤汁
		关键点：煮制的时间不可过长，以煮至嫩熟即可
		3. 浇淋调味品：将精盐、料酒、蒜泥、醋、香油放入碗内调匀，均匀地浇在煮好的鲤鱼身上
		关键点：调味汁要调拌均匀
		4. 浇淋热油：将花生油烧至250 ℃时，用手勺舀起浇淋在鱼身上即成
		关键点：油要热，蒜泥要浸炸透，炸出芳香气味
成品特点		醋、蒜味浓郁，鱼肉鲜嫩、爽口
举一反三		用此方法将主料变化后还可以制作"油浸老醋茄子""油浸蛤肉"等菜肴

第二节 炒

炒是将加工成丁、丝、条、片等小型的原料，放入有底油的锅里，用旺火快速翻拌成熟的烹调方法。炒是最基本的烹调方法之一，也是较难掌握的一种烹调方法。炒主要有生炒（煸炒）、熟炒、清炒、滑炒、干炒（干煸）、软炒、抓炒等。炒的特点是：操作简单，时间短，火候急，食物中的营养素损失较少。

炒的工艺流程

原料初加工 → 刀工处理 → 滑油或油炸 → 炒制 → 装盘成菜

炒制菜肴的特点：滑嫩、清脆、咸香。

学习目标

用炒的方法制作菜肴，如"炒辣子鸡""赛螃蟹""滑炒鸡丝""清炒虾仁""小抓鸡"等。

关键工艺环节

炒制。

一、生炒

生炒也称煸炒，是将加工成片、丝、条或丁的鲜嫩原料，直接放入有少量油的锅

中用旺火快速翻拌成熟的一种烹调方法。生炒多用于各种鲜嫩的动植物性原料。

生炒的工艺流程

原料初加工 → 刀工处理 → 炒制 → 装盘成菜

生炒菜肴的特点：汤少或无汤汁，鲜香入味，色泽明亮，质地软嫩，咸鲜，或香辣或醇香。

关键工艺环节指导

1. 生炒的方法

生炒的方法有三种：

先放主料法	油热后先放主料，不停地快速拌炒，再放入配料以及葱、姜、蒜等调料
先煸调料法	先煸炒葱、姜、蒜等调料，再放入主料
同时煸炒主料、配料和调料法	将主料、配料和调料同时放入锅中进行煸炒

2. 生炒的技巧

（1）用于质地脆嫩的原料，且原料不腌渍、不上浆挂糊、不勾芡。

（2）旺火速成，急火快炒。炒制过程中翻拌搅动要迅速，原料成熟度以断生为宜。

（3）原料形态要较小，如丝、丁、片等，以便于入味。

（4）锅或炒勺应先烧热，用油滑好，再将原料逐一下锅。

（5）出锅要及时，加入菜肴的汤汁要少。

实例　炒辣子鸡

"炒辣子鸡"是鲁南地区别具一格的风味菜品，尤以临沂地区为突出代表。走进临沂，炒鸡店比比皆是。"炒辣子鸡"是当地的一道名吃，也是外地人来临沂必点的一道菜品。

菜品名称	炒辣子鸡	
原料	主料	活宰雏鸡1只（约1 000克）
	调辅料	柿椒150克，花生油25克，料酒10克，蚝油25克，酱油10克，精盐2克，味精1克，高汤20克，葱、姜各25克，香油3克
工艺流程	1. 原料初加工及切配：将雏鸡剁去嘴、爪、翅尖，再剁成栗子块。将柿椒去把、籽，切成块，葱姜切片 **关键点：**原料成型要均匀一致，大小适宜 2. 炒制：锅内加入花生油烧热，加入鸡块煸炒去水分，放入葱姜、料酒、酱油、精盐，炒至鸡肉成熟时加入柿椒，最后加入蚝油、味精翻炒均匀 **关键点：**旺火速成，急火快炒。炒制时翻拌搅动要迅速，原料成熟度以断生为宜 3. 装盘成菜：淋上香油出锅装盘即成 **关键点：**装盘要整齐美观	
成品特点	色泽明亮，质地软嫩，咸鲜、辣、醇香	
举一反三	用此方法将主料变化后还可以制作"生炒肉丝""炒土豆丝""黄瓜炒肉片""炒掐菜""蒜泥空心菜"等菜肴	

二、熟炒

　　熟炒是将加工成熟或半成熟的原料放入锅内旺火煸炒的方法。其特点是一般不挂糊上浆，起锅时有的勾芡汁。

熟炒的工艺流程

原料前期熟处理 → 刀工成型 → 煸炒 → 成菜装盘

熟炒菜肴的特点：略带卤汁，质地柔韧，口味浓香醇厚。

实例　赛螃蟹

　　"赛螃蟹"是在山东传统菜品"炒鸡茸全蟹"基础上的一款改良菜品，选用黄鱼肉、鸭蛋黄等经炒制而成。此菜比蟹黄软嫩滑爽，鲜味赛蟹肉，不是螃蟹但性似螃蟹味，故而得名。黄鱼有和胃止血、益肾补虚、健脾开胃、安神止痢、益气填精之功效，对贫血、失眠、头晕、食欲不振及妇女产后体虚也有良好疗效。

菜品名称		赛螃蟹
原料	主料	净黄鱼肉300克
	调辅料	熟鸭蛋黄2个。料酒10克，葱姜末15克，精盐2克，味精1克，湿淀粉、花椒油适量，姜汁醋1碗，花生油适量
工艺流程		1.原料初加工及切配：将黄鱼肉放入蒸锅中蒸熟取出，撕成碎块。鸭蛋黄碾碎 **关键点**：黄鱼肉要蒸透，但不能蒸老 2.炒制：锅内放入花生油少许，烧热至90℃左右时，加入葱姜末炒出香味，加入碾碎的鸭蛋黄稍煸，再放入蒸熟的鱼肉煸炒片刻，加入用料酒、姜汁醋、精盐、味精、花椒油、湿淀粉兑好的汁，翻炒均匀装盘即可 **关键点**：炒制时，锅要滑，炒勺要用油滑好，以免熟肉粘勺底
成品特点		软嫩滑爽，味鲜咸
举一反三		用此方法将主料变化后还可以制作"炒羊脸""辣子肚片"（先煮后炒）"炒樱桃肉"（先炸后炒）、"酱炒鸡腿"（先蒸后炒）"炒鱼松""麻辣牛肉条"等菜肴

三、清炒

清炒是只用一种原料为主料，没有配料或少有配料，突出主料本色，少汁爽口的炒制方法。清炒宜选用质地软嫩或脆嫩、鲜味足的原料。

清炒的工艺流程

原料初加工 → 刀工成型 → 煸炒 → 成菜装盘

清炒菜肴的特点：清爽利口，原汁原味，口味清鲜，口感脆嫩。

实例　清炒虾片

"清炒虾片"选用鲜活大对虾，经去壳后将大虾片成薄片，下锅快速煸炒成菜，色白质嫩、味鲜、营养丰富。虾有壮阳益肾、补精、通乳之功，凡久病体虚、气短乏力、饮食不思、面黄羸瘦的人，都可将它作为滋补和疗效食品。

菜品名称	清炒虾片	
原料	主料	大对虾 300 克
	调辅料	大葱 10 克，精盐 1 克，味精 1 克，香油 2 克，猪油 50 克，料酒 1 克
工艺流程		1. 原料初加工及切配：将大虾去头、壳，去虾线用清水洗净，片成 0.3 厘米厚的片，大葱切成豆瓣葱 　**关键点**：虾片要厚薄均匀、大小一致 　2. 炒制：炒勺内加猪油烧热，加葱爆锅后放入虾片、料酒、味精、精盐，翻炒几下，淋上香油出勺装盘即可 　**关键点**：不能加入带色的调味品，不用芡汁，保持原料的本色。操作时火力要旺，动作要迅速，以保证虾片质地鲜嫩
成品特点		色泽洁白，口味清鲜，口感脆嫩
举一反三		用此方法将主料变化后还可以制作"清炒虾仁""清炒蛏子""清炒土豆丝""清炒芸豆""清炒豆苗"等菜肴

四、滑炒

滑炒是将加工处理的新鲜软嫩原料，经上浆滑油后制成微汁、滑爽菜品的方法。

滑炒的工艺流程

原料初加工 → 刀工处理 → 上浆 → 滑油 → 炒制 → 装盘

滑炒菜肴的特点：口感滑嫩柔软，色泽洁白，卤汁紧，味鲜咸适口。

关键工艺环节指导

滑炒的关键在于上浆与滑油。

上浆	鸡蛋清半个，湿淀粉 10 克，精盐 1 克	将原料用精盐、蛋清、湿淀粉抓匀上浆。上浆不能过厚，否则影响原料本色
滑油	油与原料的比例一般为 3：1 左右，油温一般在 90 ℃为宜，火力为小火	滑油之前要先滑好锅，以免原料粘锅底。原料入油锅后用筷子滑散色白时即可。炒制时不勾芡

实例　滑炒鸡丝

"滑炒鸡丝"是鲁菜传统菜品之一，又称刀工菜，主要体现厨师刀工拉鸡丝的技能水平。选用鸡脯肉为主料，切丝、上浆、滑油后用炒的方法快速烹制而成。

菜品名称		滑炒鸡丝
原料	主料	鸡脯肉 400 克
	调辅料	水发冬菇 15 克，笋丝 15 克，青豆 10 粒，鸡蛋清半个，湿淀粉 10 克，葱末 10 克，姜末 10 克，味精 1 克，精盐 1.5 克，清汤 50 克，香油 1 克，花生油 1 000 克（约耗 50 克）
工艺流程		1. 原料初加工及切配：将鸡脯肉洗净，片成 0.3 厘米厚的片，再切成丝。冬菇洗净，去掉根部，切成丝 **关键点**：鸡丝要顺切，保证粗细均匀、长短一致，但不可过细，否则易碎 2. 兑汁：将清汤、味精、精盐放入碗内兑成汁待用 **关键点**：兑汁的量要根据原料的量而定，以出锅后基本不见汤汁为宜 3. 上浆滑油：将鸡丝用精盐、蛋清、湿淀粉抓匀上浆。炒勺内加花生油，中火烧至 90 ℃左右时，下入上浆的鸡丝，迅速滑散，捞出控净油 **关键点**：油温要适宜，不可过高或过低，过高易变老变色，过低易脱浆。上浆要均匀适度。滑油的动作要迅速，滑散即可 4. 炒制成菜：勺内留底油，放入葱、姜末炒出香味后，加入冬菇、笋丝、青豆煸炒一下，再加入滑好的鸡丝，在旺火上颠翻均匀，随即倒入兑好的汁，快速颠翻，淋上香油，出勺装盘即可 **关键点**：锅要滑好，炒制的动作要迅速，尽量采用晃勺法，而不用搅拌法。否则，鸡丝易碎
成品特点		鸡丝经炒制后，鲜嫩适口，加之冬菇、青豆、笋丝作配料色泽艳丽
举一反三		用此方法将主料变化后还可以制作"滑炒鸡丝（肉丝）""滑炒鱼片""五彩鸡丝"（火腿丝、冬菇丝、香菜梗、干辣椒丝、胡萝卜丝）等菜肴

五、干炒（干煸）

干炒是用少量的油把加工成片、丝、条状原料内部的水分炒干，再加入调料炒到汁干时成菜的一种方法。干炒的原料不用调料腌渍，不挂糊、上浆，起锅时不勾芡。要求原料要炒干、炒透。

干炒的工艺流程

原料初加工 → 刀工处理 → 入味 → 炒制 → 装盘

干炒菜肴的特点：色泽焦黄或金黄，干香而酥脆，越嚼越香。

实例　小抓鸡

"小抓鸡"是选用当年的小雏鸡加多种香料经干炒制作而成，是临沂地区近年来推出的一款创新菜品。成品干香味浓，深受食客喜爱。

菜品名称	小抓鸡	
原料	主料	小雏鸡1只（约1 000克）
	调辅料	青椒100克，干红辣椒10克，精盐2克，酱油20克，甜面酱15克，料酒10克，味精2克，清汤100克，葱50克，蒜片10克，花椒1克，大茴、白芷、香叶、砂仁、豆蔻、草果各适量，花生油150克，香油5克
工艺流程		1.原料初加工及切配：将雏鸡剁去嘴、爪、翅稍，再将鸡剁成小果子块。青椒择洗干净，切成2厘米见方的块。干红辣椒切成2厘米的段葱切马蹄块 **关键点**：原料成型要均匀，大小要一致 2.焯水处理：炒勺内加清水，放入鸡块烧开，撇去浮沫，捞出控净水分 **关键点**：凉水下锅，撇净浮沫 3.炒制成菜：将焯好水的鸡块放入油锅内，煸炒至焦黄色，放入葱块、蒜片、干红辣椒炒出香味，加入花椒、大茴、白芷、香叶、砂仁、豆蔻、草果稍煸，再加入少量清汤、精盐、酱油，移至小火煨透，煨至汤汁将尽时，再移至旺火，放入青椒，颠翻均匀，加入味精，淋上香油出勺装盘即可 **关键点**：鸡要煸干、煸透后再加入汤汁煨制，以使肉质酥嫩，味透及里

续表

菜品名称	小抓鸡
成品特点	鸡肉香酥，辣椒脆嫩，红绿相间，味辣、咸、香，草药味浓郁
举一反三	用此方法将主料变化后还可以制作"香辣肉丝""干煸牛肉丝""干煸鱿鱼""干炒肚丝""干炒鲅鱼"等菜肴

六、软炒

软炒是指将经过加工成流体、茸泥、颗粒状的半成品原料，先入调味料、鸡蛋、湿淀粉等调成泥状或半流体，再用中火热油匀速翻炒，使之凝结成菜的烹调方法。

软炒的工艺流程

原料初加工 → 刀工处理（制茸或馅）→ 入味 → 炒制 → 装盘

软炒菜肴的特点：色泽或白或黄，口感软嫩，味鲜美，香气浓郁。

关键工艺环节指导

软炒的方法有三种：

直接用茸泥原料炒制	锅要烧热再下油，而且锅要净，炒制速度要快，成品原料以软嫩为宜
液体原料加入调味品用文火温油炒制	
茸泥状原料用汤或水澥开加入调味品调和成粥状，再加入调味品后进行炒制	

实例　炒鸡茸全蟹

"炒鸡茸全蟹"选用鸡脯肉、蟹肉、蛋清等经制茸后软炒而成，是鲁菜传统菜品之一，最适宜老年人食用。鸡肉有清热解毒、补骨添髓、养筋接骨、活血祛痰、利湿退黄、利肢节、滋肝阴、充胃液之功效，对于瘀血、黄疸、腰腿酸痛和风湿性关节炎等有一定的食疗效果。

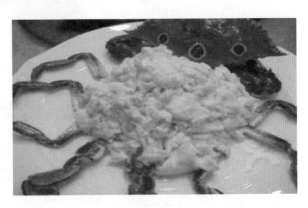

菜品名称		炒鸡茸全蟹
原料	主料	活毛蟹 300 克，鸡芽子肉 300 克
	调辅料	鸡蛋清 3 克，湿淀粉 25 克，精盐 4 克，料酒 15 克，味精 1 克，清汤 50克，葱 2 克，姜 3 克，猪油 80 克
工艺流程		1. 原料初加工及切配：将毛蟹洗净放入盆内，加盖，放置笼屉内用旺火蒸熟取出。掰下腿，从腿根部切齐，用擀面杖擀压蟹腿，使蟹腿肉全部挤出。揭下蟹盖，将蟹肉和蟹黄剔出 关键点：蟹肉要剔得干净，提高出肉率 2. 调制茸泥：把鸡芽子肉剔去白筋，用刀背剁成细泥，放入碗内，加鸡蛋清、清汤、味精、料酒、精盐湿淀粉，用筷子顺搅成稠糊状，制成茸泥 关键点：搅制鸡茸泥时必须按一个方向搅动。加入清汤的量要适当，以免肉泥懈怠，搅不上劲 3. 炒制成菜：炒锅内放入猪油烧热，放葱、姜末炒出香味时，放入鸡茸泥炒至半熟时，再放入蟹黄和蟹肉，继续翻炒至松软熟透时，出锅装盘即成 关键点：锅要滑好，炒制时动作要快，防止煳锅
成品特点		色泽白中有黄，软嫩鲜美
举一反三		用此方法将主料变化后还可以制作"鸡茸菜心""鸡茸干贝""芙蓉鸡片"等菜肴

七、抓炒

抓炒是将刀工成型的原料经上浆或挂糊处理后，用手抓制、过油并烹制芡汁快速炒制的烹调方法。

抓炒的工艺流程

原料初加工 → 刀工处理 → 挂糊或拍粉 → 过油 → 兑汁烹炒 → 装盘

抓炒菜肴的特点：色泽金黄，质感外酥里嫩，味微甜、酸、辣适口。

实例　抓炒鱼条

"抓炒"是鲁菜传统的烹调技法之一。清代，随着山东籍厨师大量流入京城，抓炒技法也被传至京津等地。烹制时先挂糊炸制，再用花椒烹香，具有较好的提味效果，形成了抓炒菜具备的特殊风味。

菜品名称		抓炒鱼条
原料	主料	净黑鱼肉 300 克
	调辅料	鸡蛋清 1 个，湿淀粉 75 克，白糖 50 克，醋 30 克，鸡汤 100 克，酱油 15 克，料酒 3 克，葱姜末共 3 克，猪油 1 000 克（约耗 100 克）
工艺流程		1. 原料初加工及切配：将黑鱼肉去皮洗净，切成粗 1 厘米、长 4 厘米的条
		关键点：原料成型要以较厚的片、条或块为主，粗细均匀，长短一致，以保证过油后外酥里嫩
		2. 挂糊：将切好的鱼条加蛋清、湿淀粉、酱油抓匀
		关键点：原料必须经过挂糊或上浆处理，糊不能厚，薄薄的一层即可，要均匀一致，以保证制品外酥里嫩
		3. 过油：炒勺内加入猪油烧至 200 ℃左右时，将鱼条放入炸至深黄色时捞出
		关键点：炸制时掌握好油温，防止炸煳或炸不透，色泽以金黄色为佳
		4. 炒制：勺内留底油，放入葱姜末稍炒，随即将醋、鸡汤、白糖、酱油、料酒加入，烧沸后用湿淀粉勾芡，待汁发稠时，将炸好的鱼条放入并迅速拌匀，出勺装盘即成
		关键点：炒制时动作要快，干净利索。要兑汁烹炒。其芡型为软熘芡，芡量较少，以裹住原料为宜，其味型一般是甜酸味为主
成品特点		鱼条呈金黄色，外挂有芡汁，入口香酥里软嫩，味酸、甜，微咸
举一反三		用此方法将主料变化后还可以制作"抓炒鱼片""抓炒虾仁""抓炒里脊""抓炒鱿鱼"等菜肴

第三节　爆

爆是将加工成丁、片、丝、花刀等小型的质地脆嫩的原料，经油炸或滑油或水烫后，再用旺火加热，烹入汁水快速成菜的烹调方法。爆制多以动物性原料为主。爆的方法比较多，根据加热介质和配料、调料、芡汁的不同，可分为油爆、酱爆、葱爆、汤爆和芫爆等。

爆的工艺流程

刀工处理 → 上浆（或焯水）→ 滑油 → 碗内兑汁 → 爆制 → 装盘

爆菜的特点：脆嫩鲜香，芡汁紧裹原料。

学习目标

用爆的方法制作菜肴，如"油爆鱿鱼卷""酱爆鱼丁""芫爆乌鱼花""葱爆牛柳"等。

关键工艺环节

兑汁、爆制。

一、油爆

油爆是将加工成丁、片、丝、花刀等小型原料，经上浆滑油或焯水后油炸，

再在少量油锅中旺火速成的一种烹调方法。具体操作有两种方法：一是主料不上浆，先焯水，再油炸，而后与配料兑芡汁爆制；二是主料上浆后滑油，再兑入芡汁爆制。

油爆工艺流程

刀工处理 → 上浆（或焯水）→ 滑油 → 碗内兑汁 → 爆制 → 装盘

油爆菜肴的特点：旺火速成，芡汁紧裹原料，明汁亮芡。

关键工艺环节指导

1. 兑制爆汁与掌握火力

兑制爆汁	精盐 3 克，味精 1 克，料酒 10 克，清汤 30 克，水淀粉 30 克	将精盐、味精、料酒、清汤、水淀粉放入碗内，兑成味汁。要求芡汁紧裹原料，芡汁光亮
火力	油爆菜肴所用火力为旺火	操作时要求旺火速成，干净利索

2. 油爆的技巧

（1）选用质地细腻、组织紧密结实或软中带有一定韧性的动物性原料为主料，如鱼肉、鸡脯肉、猪肚仁、鸡胗等。

（2）刀工成型要小，如丁、片、丝或花刀等。

（3）打花刀的原料要焯水，但时间不可过长，以免变老；下油锅炸制时，油量一般为原料量的 3 倍为宜。

（4）主料上浆后可加一点油拌匀，以便于滑油时滑散。

（5）兑制芡汁要明亮，食后盘内无芡汁。

（6）旺火速成是油爆最关键的要领，焯水、过油或滑油、烹汁要连续进行，且要快而稳。

实例 油爆鱿鱼卷

"油爆鱿鱼卷"是鲁菜传统名菜之一，注重刀工技巧，火候要求严格，选用新鲜的鱿鱼，打上麦穗花刀，过油后兑汁爆制而成，形状美观，口干脆嫩。鱿鱼有养血益气、滋阴养胃、补虚润肤的功效，可辅助治疗缺铁性贫血等疾病，同时可增强机体免疫力。鱿鱼还可用于氽汤、炒、炸、烩、涮、酱、烤、凉拌等。

菜品名称		油爆鱿鱼卷
原料	主料	鲜鱿鱼 300 克
	调辅料	冬笋 25 克，嫩柿椒 25 克，精盐 3 克，味精 1 克，料酒 10 克，葱、姜、蒜末共 10 克，清汤 30 克，水淀粉 20 克，花生油 50 克
工艺流程		1. 原料初加工及切配：将鲜鱿鱼切为两半，刮去筋膜，打上麦穗花刀，切成 2 厘米宽的条。冬笋、柿椒切成长菱形片 **关键点**：花刀操作要精致，成型要美观大方 2. 焯水处理：锅内加水烧开，放入鱿鱼使其卷成麦穗形状，捞出控净水分 **关键点**：开水下锅，卷曲成型立即出锅，防止质地变老 3. 碗内兑汁：将精盐、味精、料酒、清汤、水淀粉放入碗内，兑成味汁备用 **关键点**：根据菜品要求掌握好味汁中湿淀粉的比例，使成菜后的芡汁紧裹原料 4. 烹汁爆制：炒勺内入油，放入葱、姜、蒜末爆锅，然后放入冬笋、柿椒稍煸，放入鱿鱼花，随即倒入兑好的汁，迅速颠翻均匀，盛入盘中即可 **关键点**：火力要旺，动作要快且干净利索
成品特点		色泽素雅，白绿相间，明油亮芡，质地脆嫩，咸香爽口
举一反三		用此方法将主料变化后还可以制作"油爆肚仁""油爆腰花""油爆双花"（猪腰、鱿鱼）"油爆双脆""鸡里爆"等菜肴

二、酱爆

酱爆是将经过过油或焯煮的鲜嫩原料，包裹上加工炒制好的酱汁成菜的烹调方法，是鲁菜的独特技法之一。

酱爆的工艺流程

刀工处理 → 上浆 → 滑油 → 碗内兑汁 → 炒酱 → 爆制 → 装盘

酱爆菜肴的特点：柔嫩滑润，酱香味浓郁，芡汁油亮、紧裹原料。

关键工艺环节指导

1. 酱爆的方法

酱爆的方法有两种：

滑油爆制法	将生料经上浆滑油后，用酱汁包裹主料的方法，是酱爆的基本方法	旺火速成，芡汁紧裹原料，酱香味浓郁
炒酱爆制法	用炒酱将酱汁包裹熟原料的方法	

2. 酱爆的技巧

（1）选用质地脆嫩、新鲜的动物性原料为主料，配以质地细腻、爽脆的植物性原料作辅料。

（2）要将酱类调味品煸炒出酱香味后再下入主料，不用芡汁处理，以烹制加热过程中形成的自然芡汁为主。

（3）要炒制好酱，酱的数量一般相当于主料的 1/5，炒酱的用油量相当于酱的 1/2。油多酱少则窝油，挂不上主料；油少酱多则易煳锅。要把酱炒熟、炒透，炒出香味来，不可有生酱味。

（4）注意火候，火大了酱易煳发苦，火小了酱挂不上主料。应做到食后盘内只有油而无酱。

实例 酱爆鱼丁

"酱爆鱼丁"采用鲁菜独特的酱爆技法制作而成，成品柔软滑嫩，酱香味浓郁，是鲁菜的传统菜品之一。青鱼具有益气、补虚、健脾、养胃、化湿、祛风、利水之功效，还可防妊娠水肿。

菜品名称		酱爆鱼丁
原料	主料	净青鱼肉 200 克
	调辅料	水发玉兰片 20 克，蒲菜 50 克，青菜心 50 克，精盐 1 克，酱油 20 克，甜面酱 50 克，料酒 10 克，清汤 100 克，鸡蛋清 2 个，湿淀粉 40 克，葱姜片 6 克，葱油 20 克，花生油 1 000 克（约耗 50 克）
工艺流程		1. 原材料初加工及切配：将青鱼肉切成 2 厘米见方的丁，放入碗内，加入精盐、鸡蛋清、湿淀粉抓匀。玉兰片、蒲菜、青菜心均切与肉丁同样大小的片，一起用沸水焯过，用凉水冲一下沥净水分 **关键点**：鱼丁大小要均匀，上浆均匀一致且不宜过厚，否则影响口感 2. 滑油：炒勺内放入花生油，中火烧至 90 ℃时，放入鱼丁，用铁筷子拨散，滑至七成熟时，倒入漏勺 **关键点**：掌握好火候，滑散即可，保证其色泽洁白 3. 炒酱：炒勺内留底油 30 克，放入葱姜片炒出香味，加甜面酱炒熟 **关键点**：炒甜面酱时，要掌握好火候，过老则味苦发黑，过嫩则有生酱味，香味不浓郁 4. 爆制成菜：再加入酱油、鱼丁、玉兰片、蒲菜、青菜心、清汤、料酒，用手勺快速搅动颠炒，随即用湿淀粉勾芡（也可不勾芡），淋上葱油，出锅装盘即可 **关键点**：动作要快且要干净利索
成品特点		色泽红亮，柔软滑润，配料鲜嫩，甜咸适口，有浓郁的酱香味
举一反三		用此方法将主料变化后还可以制作"酱爆鸡丁""酱爆肉丁""酱爆鸡胗""酱爆肉条""酱爆鲜贝""酱爆海螺""酱爆蛏子""酱爆香螺"等菜肴

三、葱爆

葱爆是以大葱段为主要配料及调料的一种爆制方法，也是鲁菜常用的一种爆制方法。

葱爆的工艺流程

刀工处理 → 上浆 → 滑油 → 碗内兑汁 → 炒葱 → 爆制 → 装盘

葱爆菜肴的特点：色泽红润，质感滑嫩，葱香味浓郁。

关键工艺环节指导

葱爆的方法有三种：

方法一	主料经上浆滑油或油炸后与葱、芡汁共同爆制，如"葱爆羊肉丁"	旺火速成，芡汁紧裹原料，芡汁光亮
方法二	主料不上浆、不腌渍，煮熟或蒸熟后直接入炒锅与葱共同爆制，如"葱爆羊脸"	旺火速成，成品不勾芡
方法三	主料不上浆，腌渍后入锅与大葱一起爆制，如"葱爆牛柳"	旺火速成，芡汁紧裹原料，芡汁光亮

实例 葱爆牛柳

"葱爆牛柳"选用牛里脊为主料，采用鲁菜独特的"葱爆"技法制作而成，成菜具有独特的葱香味，风味独特，是鲁菜的传统菜品之一。

菜品名称		葱爆牛柳
原料	主料	牛里脊 250 克
	调辅料	大葱 50 克，蚝油 10 克，老抽 8 克，精盐 1 克，味精 5 克，白糖 2 克，空心饼 5 个，生粉 5 克，湿淀粉 20 克，香油 5 克，花生油 1 000 克（约耗 50 克）
工艺流程		1. 原材料初加工及切配：牛里脊切片。大葱白从中间一切两半，再切成 2 厘米长的段。空心饼从中间一切两半 **关键点**：原料成型要均匀，厚薄要一致 2. 腌制：在牛里脊片中加入老抽、蚝油、精盐、白糖、味精、生粉拌匀，腌制 0.5 小时备用 **关键点**：牛肉在滑油之前要腌制入味，以使牛肉味透及里 3. 滑油：炒勺内加花生油烧至 90 ℃时，放入牛肉片滑散，捞出控净油 **关键点**：牛肉易质老，滑油时要滑熟，但不能滑老 4. 爆制：炒勺内留少许油，放入大葱爆出香味后加入牛肉片和剩余的调味料，快速翻炒均匀 **关键点**：爆制主料时锅要热，油要宽，火力旺，下料要及时。动作要快且要干净利索 5. 勾芡出锅：用湿淀粉勾芡，淋香油出锅装盘即可。上桌时外带空心饼一起食用 **关键点**：芡汁要紧裹原料
成品特点		牛肉滑鲜，葱香浓郁
举一反三		用此方法将主料变化后还可以制作"葱爆羊肉条""葱爆牛肉条""葱爆鸡心"等菜肴；将葱换为大蒜还可以制作"蒜爆羊肉"等菜肴

四、汤爆

　　汤爆是将刀工处理后的脆嫩或柔嫩动物性原料，用开水或沸汤氽烫后捞入碗内，再浇上兑好的高汤成菜的烹调方法。汤爆菜肴食用时可蘸佐料，如胡椒粉、香菜末、虾油等，也可在汤中直接加入调味品，食时不带佐料。

汤爆的工艺流程

原料初加工 → 刀工成型 → 焯水 → 爆制 → 装盘

汤爆菜肴的特点：质地脆嫩，汤清味鲜。

实例　汤爆肚仁

"汤爆肚仁"是鲁菜的传统名菜。选用猪肚头为主料，采用鲁菜独特的"汤爆"技法制作而成。成菜汤清、肚仁脆嫩。猪肚对虚劳羸弱、泻泄、下痢、消渴、小便频数、小儿疳积等症有一定疗效。若同火腿一并煨食，更加补益。

菜品名称		汤爆肚仁
原料	主料	猪肚仁（头）400 克
	调辅料	清汤 500 克，精盐 2 克，葱椒料酒 10 克，味精 1 克，胡椒粉少许，香菜末 10 克
工艺流程		1. 原料初加工及切配：将猪肚仁用刀劈开，剥去外皮，在清水中洗净，择去里面的杂筋，剞上斜十字花刀（深度为原料厚度的 3/5），成网包状，再切成 3 厘米见方的块 **关键点**：花刀要均匀一致，美观大方 2. 碱水浸泡：将猪肚仁放入碱水中浸泡 3 分钟，再用清水反复洗去碱味 **关键点**：碱水浸泡（保证质地脆嫩）后要用清水反复洗涤，以去掉碱味 3. 烫制：炒勺内放入清水 1 000 克，在旺火上烧沸后，放入猪肚仁焯一下，迅速捞入汤盘内，加葱椒料酒 5 克调匀，撒上香菜末、胡椒粉 **关键点**：此菜对火候要求极高，汤要沸热，原料要适量，烫制时间要短，以原料断生为宜，否则易变老 4. 浇热汤成菜：炒勺内另放清汤、精盐，烧沸后撇去浮沫，加入葱椒料酒、味精，浇入放肚仁的汤盘内即可 **关键点**：成菜后必须立即上桌食用，否则肚仁在汤中易烫老，不易嚼烂
成品特点		汤清味鲜、醇厚，肚仁脆嫩
举一反三		用此方法将主料变化后还可以制作"汤爆双脆""汤爆腰穗""汤爆蛤肉""汤爆鱼片"等菜肴

五、芫爆

芫爆是以脆嫩或柔嫩鲜味充足的主料，芫荽（香菜）为配料，无芡清淡的爆制方法。芫爆也称盐爆，是鲁菜独特的技法之一。

芫爆的工艺流程

原料初加工 → 刀工成型 → 焯水或焯水 → 爆制 → 装盘

芫爆菜肴的特点：鲜嫩滑润，芫荽清鲜。

关键工艺环节指导

1. 芫爆的方法

芫爆的方法有三种：

方法一	主料经上浆滑油后，再与香菜一起爆制	旺火速成，清汁处理，不勾芡
方法二	主料经焯水、过油后，再与香菜一起爆制	
方法三	将加热成熟的动物性原料配以香菜直接爆制	

2. 芫爆的技巧

（1）选用质地细嫩或脆嫩的动物性原料为主料，以香菜为配料。

（2）原料成型一般以丝、条或片为主。

（3）香菜不要过早投入，以出锅前投入为好。

（4）不用芡汁处理，不能加入有色的调味品。

实例 芫爆乌鱼花

芫爆是鲁菜传统的爆炒方法之一。"芫爆乌鱼花"注重刀工技巧，突出主料的原汁原味及质地的清爽脆嫩，辅料芫荽清香，食之生津，沁人心脾，成品白绿相间，脆嫩爽口，悦目宜人。乌鱼肉可补心养阴、澄清肾水、行水渗湿、解毒去热，对补肾利水、去瘀生新、清热等有一定功效。

菜品名称		芫爆乌鱼花
原料	主料	鲜乌鱼500克
	调辅料	香菜段25克，葱姜蒜片共15克，精盐2克，料酒5克，味精1克，清汤150克，白醋20克，白胡椒面5克，植物油适量
工艺流程		1. 原料初加工及切配：将乌鱼去头及内脏洗净，加工成乌鱼板，刮去筋膜，打上麦穗花刀，横切成2厘米宽的条备用。香菜梗洗净切成4厘米长的段 **关键点**：打花刀的深度要适宜，刀距要均匀，成型长短一致 2. 焯水处理：锅置火上加入清水烧沸，放入打好花刀的乌鱼条，待乌鱼条卷曲成麦穗花时捞出，放凉水中回凉，控净水分备用 **关键点**：原料要开水下锅，待其卷曲成型后立即出锅并清水回凉，焯水时间不能过长，防止原料质地变老 3. 兑制味汁：将清汤、料酒、精盐、白醋、味精放入小碗内搅匀兑成味汁 **关键点**：掌握好味汁量，不可过多，导致成菜汁多影响口味 4. 爆制成菜：锅内放少许植物油烧热，放入葱、姜、蒜片爆出香味，倒入兑制好的料汁，放入乌鱼花翻匀，加入香菜段，撒上白胡椒面翻匀，迅速出锅装盘即可 **关键点**：爆炒时先加入料汁，再加入乌鱼花，动作要迅速，防止原料收缩，质地变老，失去脆嫩性
成品特点		色泽白绿相间，质地脆嫩清香爽口，外形美观，口味咸鲜
举一反三		用此法将主料变化后还可制作"芫爆里脊丝""芫爆鱿鱼条""芫爆腰花""芫爆花蛤"等

第四节　烹

　　烹是将小型的原料经挂糊或不挂糊后，用热油炸成金黄色，沥净油，再另起锅投入原料，烹入调味料成菜的一种烹调方法。烹的方法主要有炸烹、干烹、清烹、生烹、煎烹等几种。适用于烹的原料主要是新鲜易熟、质地细腻的动物性原料，尤其适合于海产品的烹制。烹的原料一般要先过油后烹制，有"逢烹必炸"之说。植物性原料在烹制时，一般不过油，如"醋烹绿豆芽"。

烹的工艺流程

原料初加工 → 刀工处理 → 过油 → 烹汁成菜

　　烹制菜肴的特点：外酥香、里鲜嫩，爽口不腻。

学习目标

　　用烹的方法制作菜肴，如"炸烹虾段""蒜爽茄盒""清烹刀鱼""醋烹掐菜""煎烹虾段"等。

关键工艺环节

　　兑汁、烹制。

一、炸烹

炸烹是将原料改刀后挂硬糊，用旺火 热油炸至酥脆，再与兑好的汁一起烹制的方法。炸烹分甜酸和咸鲜两种味型。

炸烹的工艺流程

原料初加工 → 刀工处理 → 挂糊 → 过油 → 烹汁成菜

炸烹菜肴的特点：色泽红润，质感外酥里嫩，味道干香醇厚。

关键工艺环节指导

1. 炸烹的方法

调制烹汁	葱、姜、蒜丝各5克，精盐1克，料酒5克，醋3克，酱油10克，味精2克，香油15克	将酱油、醋、葱、姜、蒜、精盐、料酒、味精、香油调成汁水
烹制	将炸好的原料放入炒锅内，再烹入汁水。火力要求为旺火，旺火速成	掌握好烹汁的量和烹汁投入锅中时的火候，以汁能紧裹原料为宜

2. 炸烹的技巧

（1）动作要快，原料在锅里停留的时间要短，旺火速成。

（2）烹的原料一般须先过油后烹制，即逢烹必炸。

（3）用于烹的调料中不加淀粉，烹汁为清汁。

实例　芝麻鸡丝

"烹"的本意为烧煮。宋代出现烹的雏形，如"焙烧鸡"。清初的《随园食单》中记载有码味、油炸、烹汁的工序，如"油灼肉"。至清末，烹成为单独的烹调技法。"芝麻鸡丝"是以炸烹的方法制作而成的一道创新菜品，成菜外酥里嫩，味道醇厚香甜，味美酥口。

菜品名称		芝麻鸡丝
原料	主料	鸡脯肉 500 克
	调辅料	花生油 1 500 克（约耗 100 克），熟白芝麻 50 克，干淀粉 250 克，绵白糖 25 克，精盐 5 克，桂花酱 25 克
工艺流程		1. 原料初加工及切配：将鸡脯肉切去周边筋膜，片成厚 0.3 厘米的大片，再顺丝切成长 5 厘米的细丝 **关键点**：切丝时要顺丝切，保持鸡丝的完整性 2. 入味：鸡丝加入精盐抓匀，腌渍 5 分钟备用 **关键点**：用盐腌渍，既起到调味的作用，使肉质鲜嫩，同时保证肉质的韧性 3. 拍粉：将腌渍好的鸡丝，加入干淀粉抓匀，用粗眼漏勺滤去多余的淀粉备用 **关键点**：鸡丝要粘匀淀粉，保持鸡丝的松散性 4. 过油处理：花生油倒入锅内烧至 150 ℃时，放入拍好粉的鸡丝，炸制定型时改为小火，待鸡丝成淡金黄色捞出，再将油温再次升至 150 ℃时下入鸡丝，复炸成金黄色后捞出 **关键点**：鸡丝过油时要掌握好油温，鸡丝要分散下锅，定型后轻轻搅动。复炸时变为金黄色即可 5. 烹制成菜：勺内加花生油 20 克烧热，加入绵白糖化开，再加入清水 25 克、桂花酱烧开搅匀，倒入炸好的鸡丝快速翻匀，出锅前撒上熟芝麻装盘即可 **关键点**：炒糖时糖化开即可，不要上色，否则糖液变黏，导致鸡丝黏连
成品特点		色泽金黄，口感外酥里嫩，味醇厚香甜
举一反三		用此法将主料变化后还可制作"炸烹鳝段""烹小黄花鱼""炸烹里脊""醋烹鱼条"等

二、干烹

干烹是将原料腌渍后挂硬糊炸制后，再烹入少许汁或烹入不带汁的调味品成菜的烹调方法。

干烹的工艺流程

原料初加工 → 刀工处理 → 挂糊 → 过油 → 干烹成菜

干烹菜肴的特点：色泽金黄，口感外酥脆、内鲜嫩，味香浓爽口。

实例　蒜爽茄盒

　　"蒜爽茄盒"是在传统菜品"炸茄盒"的基础上，用干烹的方法制作而成的一道改良菜品，成菜蒜香味浓郁，外酥脆，里鲜嫩。茄子有清热解毒、消肿利尿、活血止痛、健脾和胃、下气化痰等作用，对高血脂、高血压、乳腺炎、便血、肌肤溃疡、咳嗽、跌打肿痛、疮痈和虫咬伤等症有一定功效。

菜品名称		蒜爽茄盒
原料	主料	茄子 500 克，五花肉 200 克
	调辅料	精盐 1 克，味精 1 克，老抽 5 克，面包渣 50 克，干蒜茸 50 克，青红椒末 20 克，葱姜汁 10 克，芝麻 20 克，脆皮糊适量，花生油 1 000 克（约耗 50 克）
工艺流程		1. 原料初加工及切配：将茄子洗净去皮，切成夹刀片。五花肉剁成泥，加入盐、味精、老抽、葱姜汁调成肉馅 **关键点：** 夹刀片要切得厚薄均匀 2. 制茄盒：把肉馅酿入茄夹内，制成茄盒 **关键点：** 酿馅要均匀，不能外露 3. 炸制：锅内加油烧至 200 ℃时，把茄盒逐一蘸匀脆皮糊，下锅炸至金黄色，捞出沥净油。面包渣、芝麻下油锅炸成金黄色，捞出加入干蒜茸 **关键点：** 炸制茄盒时要掌握好火候，防止炸糊 4. 烹制：锅内留底油，加入炸好的面包渣、芝麻、蒜茸炒香，倒入茄盒、盐、味精、青红椒末，翻炒均匀出锅即可 **关键点：** 动作要快且干净利索
成品特点		茄盒外酥脆、内鲜嫩，味香浓爽口
举一反三		用此方法将主料变化后还可以制作"蒜爽耦盒""蒜爽土豆盒"等菜肴

三、清烹

清烹是只用一种原料为主料，不用辅料烹制的方法。具体方法是将原料加工成块或段，经腌渍、拍粉后放入油锅内炸制，然后用兑好的汁与主料一起在炒锅中颠翻至熟成菜。

清烹的工艺流程

原料初加工 → 刀工处理 → 腌渍入味 → 过油 → 清烹成菜

清烹菜肴的特点：成菜可鲜香甜嫩，也可咸鲜清淡，色泽金黄。

实例　清烹刀鱼

"清烹刀鱼"为鲁北黄河一带的时令美味佳肴，是在传统菜品"炸刀鱼"的基础上，以黄河刀鱼为主料，用清烹方法制作而成的一道改良菜，其造型美观，葱、姜、蒜味突出。黄河刀鱼生长在黄河下游的入海口，谷雨前后，刀鱼逆流而上，游至东平湖附近的黄河水域产卵。此时的刀鱼肉肥质嫩，晶莹夺目，闪闪发光。黄河刀鱼产量少，不易打捞，故较为珍贵。刀鱼烹调前须从口内取出内脏，保留鱼鳞。成菜后鱼鳞融化为油，味道鲜嫩。常食刀鱼可降低血压，平衡体液循环，强化血管，对老年人动脉硬化、心肌梗死等症状有一定的预防作用。

菜品名称		清烹刀鱼
原料	主料	黄河刀鱼300克
	调辅料	干红辣椒20克，姜末10克，蒜末15克，葱花25克，精盐5克，酱油10克，白糖10克，醋10克，清汤10克，生粉50克，花生油1 500克（约耗50克）

菜品名称	清烹刀鱼
工艺流程	1. 原料初加工及切配：将刀鱼取出内脏洗净，打上十字花刀，切成长5厘米的块，拍上生粉 **关键点：**刀工成型要整齐均匀，美观大方 2. 兑汁：碗内加入清汤、白糖、盐、醋、酱油、葱花、姜末、蒜末，兑成汁水 **关键点：**汁水要适量，以汁水能全部包裹原料为好 3. 炸制：将拍好粉的刀鱼入200℃的油锅中炸至色呈金黄色时，捞出控净油 **关键点：**掌握好油温，刀鱼在热油中炸的时间要短，以炸透、外酥即可 4. 烹汁成菜：另起锅置火上，加入适量的花生油烧热，放入干红辣椒稍煸，放入炸好的刀鱼，再倒入兑好的清汁烹制均匀，出锅装盘即可 **关键点：**动作要快且干净利索
成品特点	色泽金黄，咸、甜、酸、辣四味兼备，酥香鲜嫩，味美适口
举一反三	用此方法将主料变化后还可以制作"蒜香排骨"（先将排骨水汆后入味上笼屉蒸熟，再挂薄糊炸至焦黄，然后烹入调味品）"虎皮尖椒"（不拍粉、不挂糊直接炸制，再烹汁）"清烹冬瓜条"等菜肴

四、生烹

生烹是用生的原料，不过油，直接在旺火上烹制成菜的烹制方法。一般生烹用醋，因此生烹也称醋烹。常见的菜品有"烹掐菜""醋烹土豆丝"等，烹制方法比较简单。

生烹的工艺流程

原料初加工 → 刀工处理 → 炒制 → 烹汁成菜

生烹菜肴的特点：成菜保持原色，口感脆嫩，醋香味浓郁，咸鲜香辣。

实例　醋烹掐菜

"醋烹掐菜"是鲁菜的传统菜品之一。选用新鲜的绿豆芽，将头尾掐去后经"醋烹"这一鲁菜独特的烹调技法烹制而成，成菜清香适口。

菜品名称		醋烹掐菜
原料	主料	绿豆芽 300 克
	调辅料	干辣椒 10 克，白醋 20 克，精盐 2 克，料酒 5 克，味精 1 克，葱、姜、蒜各 10 克，花生油 25 克
工艺流程		1. 原料初加工及切配：将绿豆芽洗净，掐去两头。葱、姜、蒜分别切成丝。干辣椒用开水浸泡后切成丝
		2. 炒制：炒锅内加入花生油烧热，放入葱、姜、蒜、辣椒爆锅，随即加入绿豆芽，用旺火急速翻炒
		关键点：火力要旺，速度要快
		3. 烹醋成菜：再放入白醋炒至绿豆芽透亮时，加入料酒、精盐、味精，翻拌均匀，出锅装盘即可
		关键点：急火快炒，掌握好烹入醋的时间，以保证绿豆芽质地脆嫩
成品特点		口感脆嫩，醋香味浓郁，咸鲜香辣
举一反三		用此方法将主料变化后还可以制作"醋烹鳝段""醋烹土豆丝""醋烹白菜心"等菜肴

五、煎烹

煎烹是将加工整理的原料先用少量的油在锅内煎熟，再烹入调味汁成菜的一种烹调方法。

煎烹的工艺流程

原料初加工 → 刀工处理 → 腌渍入味 → 煎制 → 烹汁成菜

煎烹菜肴的特点：色泽红润，口感酥糯，味美鲜醇。

实例　煎烹虾段

"煎烹虾段"为山东传统名菜。此菜由大虾经过油煎后再烹入料汁制作而成，色泽红润，鲜美味醇，深受食客喜欢，尤其是儿童对此菜更加喜欢。

菜品名称		煎烹虾段
原料	主料	鲜对虾 300 克
	调辅料	白糖 30 克，醋 10 克，料酒 10 克，味精 1 克，葱姜末 6 克，精盐 3 克，清汤 100 克，花椒油 20 克，猪油 50 克
工艺流程		1. 原料初加工及切配：把虾的须、枪、腿、尾剪去，抽去虾线，择去头部沙包，剁成 4 段（头部 1 段、身部 3 段）
		2. 煎制：炒勺内加入猪油，烧至 120 ℃时，先放入虾头，用手勺按压头部挤出虾脑，煎至发红时，再放虾段稍煎
		关键点：将虾段煎至两面金黄
		3. 烹制成菜：再放入葱姜末稍煸，烹入醋，加入清汤、精盐、料酒、白糖，用微火煨，待汤汁剩余 1/3 变浓时加入味精，颠翻均匀，盛入盘中，淋上花椒油即可
		关键点：煨制时加入的汤汁可稍微比其他烹法多一些，以便使味入透，最后再收浓汤汁即可
成品特点		色泽红润，鲜美味醇
举一反三		用此方法将主料变化后还可以制作"煎烹咸鱼""煎烹黄花鱼""煎烹鸡蛋"等菜肴

第五节　熘

熘是将刀工处理过的原料用炸、蒸、煮、滑油或焯水等方法加热至成熟，然后将调好的芡汁浇在原料上成菜（锅外熘）或直接将加热成熟的原料投入到调好的芡汁中成菜（锅内熘）的烹调方法。熘按成菜质感可分为焦熘、滑熘和软熘；按其芡汁使用方式又可分为锅内熘和锅外熘；按其芡汁制作方法还可分为兑汁熘和熬汁熘；按其味型又分为糖熘、醋熘、糖醋熘和糟熘。

熘的工艺流程

刀工处理　→　熟处理　→　熘制　→　装盘

熘制菜肴的特点：突出汁芡的应用，汁较宽，成品外焦里嫩或滑软鲜嫩。

学习目标

用熘的方法制作各种菜肴，如"糖醋鲤鱼""滑熘鱼片""三鲜鹌鹑蛋""糟熘三白""醋熘白菜条"等。

关键工艺环节

熘制。

一、焦熘

焦熘又称炸熘或脆熘，是将加工成型的原料经调味、挂糊或拍粉，放入油锅内炸至外焦里嫩或酥脆，然后再用芡汁熘制成菜的烹调方法。焦熘适宜选用鱼虾、牛羊肉、猪肉及各种禽类等动物性原料。

焦熘的工艺流程

原料初加工 → 刀工处理 → 炸制 → 熬汁 → 熘制 → 装盘

焦熘菜肴的主要特点：色泽红亮，外焦里嫩，滋味浓香。

关键工艺环节指导

1. 焦熘的方法

焦熘的方法有两种：

锅内熘制法	将在锅中熬好的芡汁与经过挂糊炸制的原料在锅内一起加热翻拌均匀成菜的方法。此法适用于小型的原料，如"糖醋里脊""糖醋鱼块"等	芡汁不能浓，以流质芡为宜，要明汁亮芡
锅外熘制法	将熬好的芡汁直接浇淋在经挂糊炸制好的原料上的方法。此法适用于体型较大的原料，如"糖醋鲤鱼""茄汁菊花鱼"等	

2. 焦熘的技巧

（1）原料成型不宜太大，一般用小块，或丁、丝、条、片等，做整形原料时，一般要经花刀处理。

（2）制作时要灵活掌握火候，按菜品质感要求，控制好原料的成熟度。

（3）芡汁数量、稠度要适宜，出锅要及时，装盘要美观。

（4）做到明汁亮芡，色泽、口味要准确，恰到好处。

实例　糖醋鲤鱼

鲤鱼肉质细腻，肥腴鲜美。《诗经》中有"岂其食鱼，必河之鲤"的记载。济南百年老店汇泉楼的"糖醋鲤鱼"，早在 20 世纪 30 年代就已誉满泉城。当时店内设有一鱼池，鲤鱼放养其中，顾客立于池边，指鱼定菜，厨师随即将鱼捞出，当场宰杀，剞花刀、入味、挂糊、炸熟，浇上熬好的糖醋汁，迅速上席，落桌时发出吱吱的响声，颇有一番情趣。成菜鱼尾翘起，有"鲤鱼跳龙门"之势，造型美观。

按照传统习惯，吃完鱼身后，还要用其头、尾做味美适口的"砸鱼汤"。具体做法是：将盘内的余汁和鱼头、鱼尾放入汤锅内，把鱼头捣碎，加入清汤、醋、酱油、精盐、白糖烧沸，撇净浮油，撒上香菜末、撒上胡椒粉，盛入汤碗内即成。

菜品名称		糖醋鲤鱼
原料	主料	鲤鱼1条（约750克）
	调辅料	白糖100克，红醋50克，酱油5克，精盐3克，清汤300克，鸡蛋1个、葱、姜、蒜末各少许，湿淀粉100克，花生油1 500克（约耗100克）
工艺流程		1. 原料初加工及切配：将鲤鱼去鳞、鳃和内脏，洗净。用洁布擦净鱼体表面的水分，在其两面分别打上瓦楞花刀，每面各打七八刀 **关键点**：鱼鳞要刮净，用水洗净血污。花刀深度以接触到鱼骨为宜，以皮肉能翻开并连接在鱼骨上为度 2. 挂糊炸制：将剞好花刀的鲤鱼提起鱼尾，使刀口张开，把精盐撒入刀口内稍腌，再在鱼的周身挂上用鸡蛋和淀粉调成的蛋粉糊。将挂好糊的鲤鱼手提鱼尾放入150℃左右的油锅中，待刀口张开，用手铲将鱼托住以免粘锅，再把鱼推向锅边，鱼脊背朝下，使鱼身成弓形，炸制片刻后，翻过鱼身使鱼腹朝下，再炸片刻，待鱼身呈金黄色时捞出控净油，摆在鱼盘内 **关键点**：挂糊要均匀，炸制时要掌握好油温，定型成弓形后最好用漏勺托底炸制，以免炸煳 3. 浇制糖醋汁：锅内留少许油，放入葱、姜、蒜末，炒出香味，烹入红醋、酱油，放入清汤、白糖、精盐熬融合，用湿淀粉勾芡成糖醋汁，浇在鱼身上即成 **关键点**：制作糖醋汁时，最好在鱼快炸好时另锅烹制，使鱼、汁同时成熟，以保持其特色
成品特点		色泽红亮，外酥里嫩，香味扑鼻，甜酸可口
举一反三		用此方法将主料变化后还可以制作"糖醋里脊""茄汁菊花鱼""糖醋棒子鱼""松鼠鱼""飞燕鱼""狮子鱼"等菜肴

二、滑熘

滑熘是指将切配成型的原料经上浆滑油后，烹入芡汁熘制成菜的烹调方法。滑熘是由滑炒发展而来的，其芡汁比滑炒要宽得多。滑熘使用的原料主要是精选的家禽、家畜、鱼、虾等的净料。

滑熘的工艺流程

原料初加工 → 刀工处理 → 上浆 → 滑油 → 熘制 → 装盘

滑熘菜肴的特点：色泽鲜艳，明汁亮芡，滑嫩鲜香，清淡醇厚。

关键工艺环节指导

1. 滑熘的方法

滑熘的方法有两种：

按芡汁使用方法分	兑汁法（用于小型刀口原料）和挂芡法（用于较大的片形原料）	原料事先上浆滑油，成品要求明汁亮芡
按成品色泽分	本色、奶白色、金黄色、枣红色等	

2. 滑熘的技巧

（1）选择质地细腻、新鲜、无异味的动物性原料。

（2）刀工成型以片为主，且要经上浆滑油处理。上浆要均匀适度，滑油过程要灵活运用火候。

（3）要控制好芡汁的浓度和数量，做到明汁亮芡。

 实例　滑熘鱼片

"滑熘鱼片"是鲁菜的传统名菜。先将鱼肉片成片，经上浆滑油，勾芡入味的烹调方法制作而成，成菜色白、鲜嫩、清口，是宴席常用的菜品之一。

菜品名称	滑熘鱼片	
原料	主料	净黑鱼肉 200 克
	调辅料	水发冬笋 15 克，火腿 10 克，冬菇 20 克，油菜心 15 克，鸡蛋清 1 个，湿淀粉 25 克，清汤 100 克，料酒 5 克，精盐 2 克，味精 1 克，葱姜末各 5 克，猪油 1 000 克（约耗 50 克）
工艺流程		1. 原料初加工及切配：将黑鱼肉去鱼皮，片成长 4 厘米、宽 2 厘米、厚 0.3 厘米的薄片；油菜心洗净，切成长 3 厘米的段；冬笋、火腿切成长 3 厘米、宽 2 厘米、厚 0.1 厘米的片，冬菇片切成大片
		关键点：原料成型要整齐均匀，大小一致
		2. 上浆：将鱼片放入碗内，加入精盐、鸡蛋清、湿淀粉抓匀，油菜心、冬笋用沸水焯过
		关键点：鱼片要反复抓匀，让原料吃进浆去
		3. 滑油：炒勺放中火上，加猪油烧至 90 ℃时，下入鱼片，滑至鱼片挺身漂起，捞出控净油
		关键点：滑油时油温不要过高，以保持鱼片颜色洁白
		4. 熘制成菜：勺内留少许油，加入葱姜末炸出香味，加入清汤、精盐、料酒、味精、冬笋、冬菇、火腿和油菜心烧开，撇去浮沫，加入鱼片稍熘，用湿淀粉勾芡，盛入汤盘内即成
		关键点：汤内加入鱼片后，不能搅动，要晃勺或用手勺推动，以免鱼片破碎。烹制动作要快，以免鱼肉变老
成品特点		鱼肉滑润软嫩，颜色鲜艳，汤白味鲜醇
举一反三		用此方法将主料变化后还可以制作"滑熘里脊""滑熘鸡片""滑熘虾片"等菜肴

三、软熘

软熘是将经过蒸熟或煮（氽）熟的原料，浇上烹制好的芡汁成菜的烹调方法。软熘是鲁菜最常用的烹调方法之一，适宜于鱼、虾、鸡脯、里脊、豆腐等原料。

软熘的工艺流程

原料初加工 → 刀工处理 → 蒸制或煮制 → 熘制 → 装盘

软熘菜肴的特点：原料是软性的，芡汁宽，成品滑嫩清鲜。

关键工艺环节指导

软熘的方法有三种：

原料蒸熟后再熘制	蒸→熘制	芡汁不能浓，以流质芡为宜。明汁亮芡
原料煮（汆）后再熘制	煮（汆）→熘制	
原料先煮后蒸再熘制	煮→蒸→熘制	

 实例　三鲜鹌鹑蛋

"三鲜鹌鹑蛋"是德州"又一村"饭店的名菜，成菜色泽鲜艳、软烂香酥、营养丰富，深受人们喜爱。鹌鹑蛋有补益气血、强身健脑、丰肌泽肤等功效，对贫血、营养不良、神经衰弱、月经不调、高血压、支气管炎、血管硬化等症具有调补作用。

菜品名称		三鲜鹌鹑蛋
原料	主料	鹌鹑蛋20个
	调辅料	水发海参50克，鲜虾仁50克，鹌鹑肉片50克，冬笋片10克，火腿片10克，熟青豆10粒，冬菇片10克，鸡蛋清2个，葱姜末20克，湿淀粉、精盐、清汤、料酒、味精、鸡油、花生油各适量
工艺流程		1.原料初加工：将鹌鹑蛋放入冷水锅内，煮熟后放入凉水中回凉后剥去外壳，放入清汤锅内"汆"好，装入汤盘内 **关键点**：掌握好煮制的时间，不要煮老 2.辅料焯水：海参洗净，斜刀切片，与冬菇片、冬笋片、火腿片、熟青豆一起入清汤锅内焯水 **关键点**：用清汤焯水，增加原料的鲜美滋味 3.滑油：将鹌鹑蛋、虾仁放入碗内，加入鸡蛋清、湿淀粉抓匀，下入90℃的油锅中滑散，捞出控净油 **关键点**：上浆要均匀，油温要低，不能滑老 4.熘制：锅内放少许花生油，加入葱姜末烹出香味，加入料酒、清汤、海参片、冬菇片、冬笋片、火腿片、熟青豆、鹌鹑肉片、虾仁、精盐、味精搅匀，用湿淀粉勾芡，淋上鸡油，盛装在鹌鹑蛋上面即成 **关键点**：勾芡不宜过浓，勾米汤芡即可

续表

菜品名称	三鲜鹌鹑蛋
成品特点	色泽鲜艳，软烂香酥，营养丰富
举一反三	此菜使用了软熘的第二种方法，即先煮（汆）后再熘制，要求主料质地软嫩、不腻。用此方法将主料变化后还可以制作"软熘鸡丝"等菜肴

四、糟熘

糟熘是在调味过程中，注重突出酒糟醇厚浓香口味的一种烹调方法，是鲁菜的独特技法之一。其操作方法与滑熘、软熘基本相同。此法关键在于酒糟的运用（在熘的基础上加入酒糟），在调味过程中要加重糟香的口味。菜品有"糟熘鱼片"等。

糟熘的工艺流程

原料初加工 → 刀工处理 → 上浆 → 滑油或滑水 → 熘制 → 装盘

糟熘菜肴的特点：柔嫩爽滑，色泽洁白，糟香味浓，卤汁较宽。

实例　糟熘三白

"糟熘三白"是山东的风味名菜，用"糟熘"这一鲁菜独特技法制作而成。成品要求原料洁白鲜嫩，芡汁呈浅黄色，不稠不稀，恰到好处。竹笋具有滋阴凉血、和中润肠、清热化痰、解渴除烦、清热益气、利隔爽胃、利尿通便、解毒透疹、养肝明目、消食的功效，还可开胃健脾，宽肠利膈，通肠排便，开膈豁痰，消油腻，解酒毒。

菜品名称		糟熘三白
原料	主料	草鱼肉 200 克，白菜心 150 克，笋尖 150 克
	调辅料	香糟汁 50 克，白糖 5 克，精盐 2 克，味精 1 克，花椒油 25 克，清汤、淀粉适量

续表

菜品名称	糟熘三白
工艺流程	1. 原料初加工及切配：将草鱼肉洗净并片成0.5厘米厚的大片，白菜心切成大片，笋尖一劈四瓣，去掉笋心，切成5厘米大小的块，修成佛手状 **关键点**：原料成型厚度要均匀，大小要一致 2. 焯水：将草鱼片、白菜片、笋尖分别用高汤焯过，选汤盘1个，先用白菜片垫底，再将草鱼片整齐地摆在白菜片上面，最后将笋尖块码放在草鱼片的周围 **关键点**：原料要用高汤焯透，装盘成型要美观 3. 熘制成菜：锅内放入清汤、香糟汁、白糖、精盐、味精，调正口味，用淀粉勾芡，制成熘汁，淋上花椒油，浇在汤盘中即成 **关键点**：熘汁调制要突出糟香味，汁的浓度要适宜，以米汤芡为宜
成品特点	口味甜中带咸，咸中带鲜，糟香味浓郁
举一反三	用此方法将主料变化后还可以制作"糟熘牡丹鱼"（将鱼打上牡丹花刀）"糟熘鱼片""糟熘鸡脯"等菜肴

五、醋熘

醋熘是在调味过程中注重突出醋的醇厚酸香口味的一种烹调方法。醋熘的操作方法与糟熘基本相同，只是口味不同。

醋熘的工艺流程

原料初加工 → 刀工处理 → 焯水 → 熘制 → 装盘

醋熘菜肴的特点：保持原料本色，突出醋的醇厚酸香口味，质感脆嫩爽口。

实例　醋熘白菜条

"醋熘"是鲁菜常用的烹调方法之一，尤其在宴席制作时，搭配一道醋熘菜肴，能起到开胃爽口、解酒之功效，深受客人的欢迎。"醋熘白菜条"脆嫩爽口，酸辣适宜，具有促进消化、增加食欲的作用。

菜品名称		醋熘白菜条
原料	主料	白菜嫩帮 250 克
	调辅料	酱油 3 克，醋 10 克，精盐 1.5 克，味精 1 克，葱 1 克，姜 1 克，淀粉 2 克，油 20 克
工艺流程		1. 原料初加工及切配：将白菜嫩帮洗净，切成长约 4 厘米的条。葱、姜均切成片 **关键点**：原料成型要均匀 2. 兑汁：将葱、姜放入小碗内，加酱油、醋、精盐、味精、淀粉及 20 克水，搅拌均匀成兑汁 **关键点**：掌握好淀粉与水的比例，防止芡汁过稀或过稠 3. 熘制成菜：炒锅上火，放入底油，烧热后将白菜条放入煸炒，炒熟后将调好的汁倒入，并不停地翻炒，使汁均匀地挂在白菜表面即可 **关键点**：煸炒白菜不可过烂，食用时应有脆嫩的质感
成品特点		口味酸、咸、鲜，色泽金红
举一反三		此方法将主料变化后也可用于大头菜（圆白菜），如"醋熘大头菜"

第六章
制作烧、扒、炖、焖类菜肴

学习目标

1. 了解烧、扒、炖、焖的工艺流程与特点
2. 掌握烧、扒、炖、焖类菜肴的制作方法及要领
3. 学会用烧、扒、炖、焖的方法制作各种菜品

第一节　烧

烧是指将经过炸、煎、煸炒、水煮的原料，加适量汤汁和调料，用旺火烧开，再用中小火烧透入味，最后用旺火使汤汁稠浓或勾芡成菜的烹调方法。用料以动物性原料及根块类蔬菜为主。按工艺特点和成菜风味的不同，烧可分为红烧、白烧、葱烧、酱烧、糟烧、干烧、家常烧等多种方法。

烧的工艺流程

原料初加工 → 刀工处理 → 前期热处理 → 烧制 → 收汁或勾芡成菜

烧制菜肴的特点：原料成型比较大，加热时间较长，卤汁较稠浓，原料质地软糯，味道醇厚。

学习目标

用烧的方法制作菜肴，如"红烧肉""白汁冬瓜""葱烧海参""酱烧猪蹄""糟烧海参""干烧黄花鱼""家常烧豆腐"等。

关键工艺环节

烧制。

一、红烧

红烧是将主料经过炸、煎或煸炒后，勺内再放少许油，用调辅料炝锅，加入高汤，放入主料及调料，旺火烧开，中小火烧透入味，再用旺火收浓汤汁或勾芡成菜的烹调方法。红烧是鲁菜最常用的烹调方法之一，其用料广泛，山珍海味、家禽、家畜、蔬菜、水产、豆制品等原料都是适合的原料，并有诸多经典名菜。

红烧的工艺流程

选料切配 → 半成品加工（过油）→ 调味烧制 → 收汁（勾芡）装盘

红烧菜肴的特点：色泽红亮，质地细腻或软嫩，鲜香味浓，明汁亮芡。

关键工艺环节指导

1. 红烧的方法

烧制时要掌握好加入汤汁的量、火力及成菜色泽。

汤汁	根据原料性质、质地及形状的大小决定掺汤量	一般情况下，动物性原料的掺汤量为不没过原料的 2/3 为宜，植物性原料的掺汤量为不没过原料的 1/3 为宜
火力	根据原料性质、形状的大小及掺汤量，决定火力大小及加热时间	旺火烧沸，中小火烧透入味，再用旺火收浓汤汁（约占总量的 1/5 左右）
色泽	将菜肴的色泽和味感浓淡相结合。如甜咸味以橙红色，咸鲜味以鹅黄色，家常味以金红色，五香味以金黄色相配比较恰当	加入带色的调味品或熬制糖色（油熬法或水熬法），红烧菜色泽红亮

2. 红烧的技巧

（1）烧制菜肴中如果有多种不同质地或不同类别的原料，可利用半成品加工调制好成熟程度，或在烧制过程中先后投料的方法来解决这一问题，以达到成熟度一致的目的。

（2）烧制时间短的红烧菜肴，要以达到质地细腻，汤汁恰当，浓稠度和汁量适宜，味透及里的效果为主。长时间烧制的菜肴，要以掌握好原料质地、掺汤量、烧制时间、火力和菜肴的质感为主。

（3）提色原料要恰当选用糖色、酱油、豆瓣辣酱、料酒、面酱、番茄酱等原料来提色。

（4）把好收汁关。收汁是红烧菜肴浓味、粘味的关键，并有提色和使菜肴发亮的作用。收汁前要恰当调好汤汁的量，勾芡时要用旺火，使汤烧开后再挂勾芡汁，切忌汁干粘锅，同时保持菜肴的形态完整。

实例 红烧肉

"红烧肉"制作方法独特，工艺较为烦琐。它是将带皮的猪肋肉先用木火熏燎，再下入汤锅内煮至五成熟，抹上糖色码入器具（如大碗）内调好味，最后上笼屉蒸至熟烂，浇上稀芡汁成菜。"红烧肉"肉质软烂，肥而不腻。

菜品名称		红烧肉
原料	主料	猪硬肋肉 600 克
	调辅料	葱姜片 20 克，清汤 500 克，料酒 15 克，八角 2 个，白糖 50 克，白芷 2 片，桂皮 5 克，花椒油 10 克，酱油 20 克，精盐 5 克，味精 2 克，淀粉 10 克，花生油 50 克
工艺流程		1. 原料初加工及切配：将猪硬肋肉用铁筷子叉起，在旺火上把肉皮燎糊，再放入温水中浸泡透，用小刀刮净糊皮，洗净，放入汤锅内煮至五成熟捞出，用洁布蘸干水分，在皮面涂上一层糖色，切成 3 厘米见方的块 **关键点**：原料要洗涤干净，切片要厚薄一致，整齐均匀 2. 定碗调味：将肉皮朝下码入瓷碗内，放上葱姜片。另锅内放入花生油，放入白糖熬熔，至色变红时，加入清汤、料酒、酱油、精盐、味精、八角、白芷、桂皮，烧沸后浇在肉块上 **关键点**：装碗时肉皮要朝下码放整齐，熬糖色时以糖充分熔化，糖色变红即可 3. 蒸制：将肉碗放入蒸锅内蒸熟后取出，剔去葱姜，翻扣在盘内，再将蒸肉的汤汁滗入汤锅内，用湿淀粉勾芡，淋上花椒油，浇在蒸好的肉上即成 **关键点**：肉要蒸透蒸烂，使肉达到肥而不腻，软烂适口
成品特点		色泽红亮，肉质酥软、细腻，肥而不腻，味咸鲜微甜，香浓味醇
举一反三		用此方法根据主料的变化还可以制作"乳汁排骨"（在红烧的基础上加入红豆腐乳汁烧制）"红烧鲤鱼""红烧大虾""红烧海参""红烧甲鱼""红烧茄子""红烧冬瓜""冬笋烧肉"（冬笋与五花肉同烧）等菜肴

二、白烧

白烧又名奶烧，是以奶汤烧制，保持原料本色或奶白色的烹调方法。此方法与红烧相对应，因采用此法烧制的菜肴色白而得名。

白烧的工艺流程

刀工处理 → 半成品处理（焯水、滑油、清蒸等） → 烧制 → 勾芡成菜

白烧菜肴的特点：成菜色白素雅，清爽悦目，味鲜醇厚，质感鲜嫩。

关键工艺环节指导

1. 白烧的方法

烧制时要掌握好汤汁量、火力和色泽。

汤汁	根据原料的性质、质地及形状大小决定掺汤量。一般用奶汤或清二流芡为好，其汁稀薄	一般情况下，动物性原料的掺汤量为不没过原料的2/3为宜，植物性原料的掺汤量为不没过原料的1/3为宜
火力	根据原料的性质、形状大小及掺汤量，决定火力大小。加热时间比红烧要短	旺火烧沸，中小火烧透入味，再用旺火收浓汤汁（约距原料顶面的1/5左右）
色泽	加入无色的调味品	色泽素白

2. 白烧的技巧

（1）选择原料要新鲜无异味。原料一定要有色泽鲜艳、质地脆嫩、滋味鲜美、受热易熟等方面的特色。

（2）所用调味品是无色的，如精盐、味精、白糖等。不能用酱油或其他深色的调味品或辅料。菜肴的复合味也限于咸鲜味、鲜甜味等。原则上复合味是辅佐或突出白烧原料本身的滋味，味感要求醇厚清淡，爽口不腻。

（3）白烧半成品的加工方法，常用的有焯水、滑油、清蒸等。这些方法在实施过程中，除了达到初步熟处理的目的外，还要对白烧原料在定色、保色、提高鲜香程度、增加细腻质感等方面起到作用。

（4）白烧的烧制时间比较短。植物性原料比动物性原料烧制的时间更短。为了保证菜肴清香鲜美，应尽量缩短烧制时间，其成熟度可借助半成品加工时控制。

实例 白汁冬瓜

"白汁冬瓜"采用白烧方法制作而成，保持了原料的原汁原味，汤白味鲜，醇厚清淡，爽口不腻，是一道深受食客喜欢的下饭菜。冬瓜具有润肺生津，化痰止渴，利尿消肿，清热祛暑，解毒排脓的功效。

菜品名称		白汁冬瓜
原料	主料	冬瓜 750 克
	调辅料	熟火腿 20 克，水发冬菇 10 克，菜心 50 克，明油 20 克，奶汤 500 克，味精 3 克，姜片 3 克，胡椒粉 2 克，葱段 5 克，料酒 10 克，精盐 8 克，湿淀粉 5 克，猪油 80 克
工艺流程		1. 原料初加工及切配：将冬瓜洗净去皮，切成长 5 厘米、宽 3 厘米的厚片。火腿、冬菇切成片，菜心洗净备用 **关键点**：刀工成型要整齐划一 2. 烧制：炒锅置旺火上，放入猪油 30 克，滑锅烧热，放入菜心、精盐 2 克、味精 1 克，炒至菜心断生，盛入盘内垫底。另起锅放入猪油 50 克，烧至 90 ℃时，放入姜片、葱段炒出香味，放入奶汤烧沸出味，撇去姜、葱不要，放入冬瓜、火腿、冬菇、精盐、胡椒粉、味精、料酒烧沸入味 **关键点**：为了保证菜肴清香鲜美，应尽量缩短烧制时间。不能用酱油或其他深色的调味品调味 3. 勾芡成菜：将火腿、冬菇捞出放在菜心上面，再将冬瓜放在最上面，锅内汤汁用湿淀粉勾清二流芡，淋上明油推匀，浇在原料上面即成 **关键点**：掌握好芡汁的浓度，以清二流芡为宜
成品特点		色泽素白，冬瓜柔软细滑，味鲜咸、清淡、醇厚
举一反三		用此方法将主料变化后还可以制作"白汁鱼片"（将鱼片滑油后再烧制）"鸡汁烧鱿鱼""烧二冬"（冬菇、冬笋焯水后再烧制）"白烧芦笋""烧芦荟""白烧鱼肚"等菜肴

三、葱烧

葱烧是在红烧的基础上，主要以大葱为配料兼调料的一种烧制方法。

葱烧的工艺流程

刀工处理 → 主料过油 → 炒葱 → 烧制 → 勾芡 → 淋葱油 → 出锅装盘

葱烧菜肴的特点：色泽红亮，汁浓味厚，葱香味浓郁。

关键工艺环节指导

葱烧的关键在于炒葱和淋入葱油。

炒葱	先将大葱在锅中煸炒至变软时，再加入主料共同烧制	突出葱香味
制作葱油	花生油50克，香油10克，在锅中烧至150℃时，加入葱白25克，炸至金黄色，将葱捞出，即为葱油	菜品出锅前加入适量葱油，可进一步突出葱香味

 实例　葱烧海参

"葱烧"是鲁菜传统的烹调技法之一。"葱烧海参"是山东广为流传的传统风味名菜，配以俗称"葱王"的章丘大葱，用油炸至金黄色，散发葱油的芳香气味，浇在烧熟的海参上，葱香四溢，经久不散。此菜历史悠久，在喜宴菜肴中使用普遍。海参具有滋阴补肾、壮阳益精、养心润燥、补血、治溃疡等作用，不宜与醋、甘草等一起食用。

菜品名称		葱烧海参
原料	主料	水发海参600克
	调辅料	大葱100克，料酒15克，味精2克，精盐2克，湿淀粉20克，高汤150克，花生油10克，葱椒油15克，明油5克，姜汁5克，糖色5克，酱油5克，白糖10克

续表

菜品名称	葱烧海参
工艺流程	1. 原料初加工及切配：将海参洗净，切成斜长条或片成片，然后用开水焯2分钟，捞出控净水分备用 **关键点**：刀工成型要整齐划一。最好用自己涨发的海参，若海参碱味过大，可先用醋处理一下，即将海参改刀后，放入5%的食醋中煮开，再用清水或高汤调一下即可 2. 制作葱油：葱白切成滚刀块，用花生油炸成黄色，取出放入盘中，葱油倒入碗内备用 **关键点**：火力不能过大，否则大葱炸煳而不出香味 3. 烧制：炒勺置火上，加入花生油烧热，放入葱段煸出香味，加入高汤、炸好的葱块及海参，再放入料酒、精盐、白糖、姜汁、糖色、酱油、味精，烧开后撇去浮沫 **关键点**：先煸炒葱白，再加入海参烧制。烧制的时间不得过长，以保持海参软嫩的质感 4. 勾芡成菜：炒勺移小火上，烧制5分钟，再将炒勺置旺火上，边晃勺边用湿淀粉勾芡，待芡熟并均匀裹在海参上时，淋入葱椒油和明油，出锅装盘即可 **关键点**：掌握好勾芡的浓度。芡汁必须挂在海参上不流动，且有亮度，吃完后盘内不能有很多芡汁，不能出水
成品特点	色泽红亮，海参柔软，口味咸鲜微甜，葱香味浓郁
举一反三	用此方法将主料变化后制作的菜品还有"葱烧蹄筋""葱烧大肠""葱烧鲫鱼""葱烧牛柳"等。另外，用此方法将大葱变换为大蒜，还可以制作"大蒜烧蹄筋""大蒜烧牛鞭""大蒜烧裙边"等菜肴

四、酱烧

酱烧是以酱品（面酱、黄酱、腐卤酱等）为主要调味品烧制菜品的方法，是鲁菜常用的一种烹调方法。

酱烧的工艺流程

刀工处理 → 煮制 → 蒸制 → 炒酱 → 烧制 → 出锅装盘

酱烧菜肴的特点：色泽红亮，质感酥烂，味咸鲜、微甜，酱香味浓郁。

关键工艺环节指导

1. 酱烧的方法

酱烧的关键在于炒酱。

用料	炒制	关键点
面酱20克（或海鲜酱20克，或豆瓣酱20克），食用油25克	锅烧热放入食用油，烧至120℃时，加入酱煸炒至熟	酱必须炒透，要炒出香味，但不能炒煳

2. 酱烧的技巧

（1）选用鱼类、畜禽类为主料，刀工成型一般为较大的块、条或整形原料。

（2）酱必须炒透，要炒出香味，但不能炒煳。

（3）用旺火烧开定色定味，小火慢慢烧至汤汁浓稠、原料成熟入味后，将汤汁收浓后浇在原料上。

（4）有些菜品直接收汁不勾芡（如"酱烧鱼头"），有些收汁后勾芡（如"酱烧茄子"）。

 实例 酱烧猪蹄

"酱烧猪蹄"依据孔府菜中的传统名菜"酱汁鸭方"延伸而来，改用鲁菜常用的"酱烧"技法精制而成，成品色泽红亮，猪蹄味浓醇，咸鲜微甜，酱香浓郁。

菜品名称		酱烧猪蹄
原料	主料	猪蹄1 000克
	调辅料	葱段50克，姜片50克，水发玉兰片30克，青菜心1棵，料酒15克，酱油20克，精盐5克，味精1克，面酱25克，花椒油20克，白糖10克，糖色、清汤、淀粉、花生油适量
工艺流程		1. 原料初加工及切配：将猪蹄刮洗干净，一劈两半，放入汤锅内煮至五成熟时捞出，在皮肉面每隔1.5厘米剞十字刀纹，深至肉皮，在皮面涂上一层糖色，皮朝下放入碗内。玉兰片、青菜心焯水回凉 **关键点：**洗涤干净，去掉异味。花刀均匀一致

续表

菜品名称	酱烧猪蹄
工艺流程	2.炒酱蒸制：炒锅内放入花生油烧热，加入面酱炒匀炒透，加入清汤、白糖、料酒、精盐、葱姜烧沸，倒入猪蹄碗内，放入蒸锅蒸透后取出，汤汁滗入碗内，猪蹄翻扣在大盘内 **关键点**：猪蹄要蒸透蒸熟，酱要炒透炒熟 3.浇汁成菜：炒锅内留底油，放入葱姜煸出香味，加入清汤、蒸肉的汤汁、料酒、酱油、精盐、味精和焯过水的玉兰片、青菜心烧沸，撇去浮沫，用淀粉勾芡，淋上花椒油，浇在猪蹄上即可 **关键点**：味要调准，加汤量不宜太多，以浇匀猪蹄并漫过盘底为宜
成品特点	色泽红亮，味浓醇、咸鲜微甜，酱香浓郁
举一反三	酱烧菜品的代表性菜品还有"酱汁烧鱼条""酱汁烧鸡块""酱汁虾段""酱汁海螺""大烧鱼"等

五、糟烧

糟烧是以香糟汁为主要调味品烧制菜品的一种烧制方法，主要用于质地较嫩的动物性原料。

糟烧的工艺流程

原料初加工 → 刀工处理 → 调制糟汁 → 烧制入味 → 勾芡 → 出锅装盘

糟烧菜肴的特点：色泽红润，口感酥糯，味咸香，具有较浓的糟香味。

关键工艺环节指导

糟烧要兑制好糟卤，糟卤的制作方法是：

用料	制作方法	关键点
香糟50克，清汤1 000克，精盐10克，葱姜各25克，料酒10克，味精2克	先将清汤倒入锅内，加盐、葱、姜（拍松）煮到滚开后，端锅离火眼晾凉。然后，把汤缓缓加入香糟中，并把汤和香糟轻搅均匀。用洁净纱布袋1只，把糟汁倒入纱布袋并悬空吊起，其下放置接取糟卤的容器，让纱布袋里的糟汁自然滴出。最后在滴下的糟卤中加入料酒、味精，调拌均匀即成	用纱布过滤之前要将汤和香糟搅拌均匀。注意卫生

实例　糟烧海参

糟烧是鲁菜特殊的烹调技法之一，是在红烧的基础上加入事先调制好的糟汁，用旺火烧开，中小火烧透入味，最后再收浓汤汁的一种烧制方法。因加入糟汁烧制，风味与红烧有很大不同，具有浓郁的糟香气味，味道独特，色泽鲜艳。

菜品名称		糟烧海参
原料	主料	水发刺参 750 克
	调辅料	火腿 50 克，香糟 25 克，冬菇 30 克，冬笋 50 克，葱 10 克，姜 10 克，荷兰豆 15 克，猪油 75 克，花椒 1 克，酱油 20 克，精盐 2 克，清汤 250 克，料酒 25 克，明油 15 克，湿淀粉 20 克
工艺流程		1. 原料初加工及切配：将海参洗净，片成斜刀片。火腿、冬菇、冬笋均切成大片，葱切段，姜切片，香糟剁碎 **关键点**：原料成型要整齐均匀 2. 调制糟汁：将香糟用少许清汤澥好，再用洁布过滤，去掉糟渣，调制好糟汁 **关键点**：用纱布过滤之前要将汤和香糟搅拌均匀，注意好卫生 3. 烧制入味：炒勺置旺火上，倒入猪油，烧至 120 ℃时，放入葱、姜、花椒炸过后，捞出葱、姜、花椒不用。将香糟汁倒入锅内一烹，再加入料酒、酱油，然后放入海参、火腿、冬笋、冬菇炒匀，加入精盐、清汤，烧开后再用慢火烧 5 分钟 **关键点**：糟汁要在原料下锅前烹入，以突出糟香味 4. 出锅装盘：用湿淀粉勾芡，淋上明油，盛入盘内，撒上荷兰豆即成 **关键点**：勾芡做到明汁亮芡
成品特点		色泽红亮，芡汁明亮，糟香味浓郁
举一反三		用此方法将主料变化后还可以制作"糟烧蹄筋""糟烧鱼肚""糟烧鱼唇"等菜肴

六、干烧

干烧是在烧制过程中，用中小火将汤汁基本收干或留少许汁，使其滋味渗入原料内部或粘附在原料表面上的一种烹调方法。干烧适用于鱼翅、海参、鱼、虾、蹄筋、家禽及部分夹豆、茄果类蔬菜等原料。干烧不用湿淀粉勾芡。

干烧的工艺流程

选料加工 → 切配处理 → 煸炒配料 → 调味干烧 → 收汁装盘

干烧菜肴的特点：色泽金黄，质地细腻，少汁亮油，香鲜醇厚。

关键工艺环节指导

1. 干烧的方法

烧制时要掌握好汤汁量、火力和成菜色泽。

汤汁	加汤量要适当，使汤汁浸润原料，入味均匀。一般收汁时应不断推动原料，使入味均匀，但对易碎的原料不能推动	根据原料的性质，烧制时间可灵活掌握，一般细嫩、易熟、水分多的原料，其汤量要少，反之可适当多一些
火力	对有些较特殊的调味品，如面酱应以中火温油炒香，用汤汁澥开后再放入原料烧制	旺火烧沸，中小火烧透入味，再用旺火收干汤汁（不勾芡）
色泽	加入带色的调味品或熬制糖色（油熬法或水熬法）	色泽保持金黄色为宜

2. 干烧的技巧

（1）要掌握好原料熟处理的方法和加工的程度。如鱼、虾在码味后要用旺油锅迅速炸一下，使鱼、虾表面凝结一层硬膜，烧制时滋味损失不大，形状也不易碎烂；蔬菜类原料比较适合温油锅滑油，既有定色保鲜的作用，又能使原料干烧时迅速成菜；蹄筋、海参类在干烧前要喂入鲜香味，即能恰当解决好这些原料渗入味难和烧制时间短的矛盾。

（2）合理调味。用于干烧的调味品较多，如料酒、糖色、酱油、豆瓣辣酱等。它们是形成干烧菜滋味香鲜醇厚的重要因素，要掌握好色泽的深浅，调味品之间的配合，加入的先后顺序等，发挥调味品在色香味方面的最佳效果。

实例 干烧黄花鱼

"干烧黄花鱼"是鲁菜的一道传统菜肴，制作方法十分讲究。炸鱼时不翻面，先大火后小火，炸鱼的同时另起一锅炒料汁。料汁的做法是：五花肉切成小方丁，加料酒葱姜下锅炒，肉七八成熟时放入配好的冬菇、胡萝卜、茭白丁，继续翻炒片刻，再加一次料酒、葱、姜，加少许生抽，加入豆瓣辣酱、糖等调开，加汤入鱼烧至汤将尽，鱼肉酥烂即可。黄花鱼有和胃止血、益肾补虚、健脾开胃、安神止痢、益气填精之功效，对贫血、失眠、头晕、食欲不振及妇女产后体虚有较好的食疗作用。

菜品名称		干烧黄花鱼
原料	主料	鲜黄花鱼 2 尾（约 500 克）
	调辅料	猪肥瘦肉 50 克，泡红辣椒 10 克，芽菜 5 克，精盐 5 克，料酒 15 克，蒜米 10 克，葱白 50 克，香油 10 克，姜末 5 克，鲜汤 200 克，酱油 5 克，味精 2 克，花生油 1 000 克（约耗 50 克）
工艺流程		1. 原料初加工及切配：将黄花鱼洗净，打上柳叶花刀，用精盐、料酒抹匀码味。猪肥瘦肉切成绿豆大的丁，葱白、泡红辣椒切成长 6 厘米的段，芽菜切成细节 **关键点**：花刀成型要整齐美观 2. 过油：炒锅置火上，倒入花生油烧至 200 ℃时，下入黄花鱼炸至金黄色时，捞出沥净油 **关键点**：油温要高，炸制成色为金黄色 3. 烧制：锅内留油少许，烧至 120 ℃时，放入肉丁炒散至酥香，放入泡红辣椒、葱段、蒜、姜末炒出香味，倒入鲜汤，加入精盐、料酒、酱油、味精，放入黄花鱼烧沸，用中小火烧约 8 分钟，将鱼翻面，再烧约 3 分钟至汁将干、亮油时，将黄花鱼盛入盘内 **关键点**：烧制时要用中火烧沸汤汁，中小火烧至成菜后，再用中火收汁，并不断晃匀，以防粘锅煳底 4. 收汁装盘：将芽菜、香油放入锅内推翻均匀，浇在鱼身上即成 **关键点**：收汁时不能将汁全部收干，做到带汁亮油，让油汁略带水分，这样菜肴的外观才会滋润、发亮，不至于干燥无光
成品特点		色泽金黄，鱼肉细腻，肉粒酥香，鲜味醇浓
举一反三		干烧的菜品比较多，如"干烧鲤鱼""干烧鲳鱼""干烧海参""干烧蹄筋""干烧鸡块""干烧芸豆""干烧茄子"等

七、家常烧

家常烧是介于红烧与干烧之间的一种特殊烧法，制作时一般加肉末和豆瓣辣酱一起烧制。成菜口味咸鲜微辣，色棕红，属家常风味。家常烧与干烧不同的是，家常烧需要勾芡，而干烧不需勾芡。家常烧与红烧均需勾芡，但家常烧所用的芡汁少而稀薄。

家常烧的工艺流程

选料加工 → 切配处理 → 过油 → 加汤烧制 → 收汁装盘

家常烧菜肴的特点：色泽酱红，豆腐软烂，味浓鲜醇、清香微辣。

实例　家常烧豆腐

"家常烧豆腐"是具有家常风味的传统菜品。豆腐有益中气，和脾胃，健脾利湿，清肺健肤，清热解毒，下气消痰之功效。

菜品名称		家常烧豆腐
原料	主料	豆腐 300 克，牛肉末 50 克
	调辅料	竹笋 25 克，水发木耳 20 克，青蒜苗 25 克，酱油 10 克，豆瓣辣酱 25 克，蚝油 10 克，料酒 10 克，精盐 1 克，味精 5 克，香油 10 克，湿淀粉 20 克，清汤 100 克，花生油 1 000 克，葱、姜适量
工艺流程		1. 原料初加工及切配：将豆腐切成边长 3 厘米的菱形片，牛肉剁成粗泥，竹笋切片，青蒜苗切成米，豆瓣辣酱捣碎 **关键点**：原料成型要整齐均匀，厚薄一致 2. 过油：炒锅置火上，加入花生油烧热至 180 ℃，放入豆腐片炸至起泡，呈金黄色时捞出控净油 **关键点**：油温要高，待豆腐炸至定型时再搅动，以防豆腐破碎 3. 烧制入味：炒锅置火上，加油烧热，放入葱姜，牛肉泥炒散，加入豆瓣辣酱炒出香味，呈红色时加入清汤、各种调味料烧开，用小火慢慢烧至豆腐软糯 **关键点**：牛肉泥要炒散，豆瓣辣酱要炒出香味。旺火烧开，中小火烧透入味

续表

菜品名称	家常烧豆腐
工艺流程	4.勾芡出锅：放入竹笋、青蒜苗、木耳，用湿淀粉勾薄芡，放入香油，快速翻炒均匀即可 **关键点：** 青蒜苗要在出锅前加入。勾芡做到明汁亮芡，少而稀薄
成品特点	豆腐软糯，汁色棕红，味浓鲜醇、清香微辣
举一反三	家常烧常见的菜品还有"家常烧海参"（海参过油后加肉末、豆瓣辣酱烧制）"家常烧蹄筋""家常烧鱼"（鱼过油加肉末、豆瓣辣酱烧制）等

第二节 扒

扒是将初步熟处理的原料，经切配后整齐地叠码成型，放入锅内加入汤汁和调味品，烧透入味，勾芡浓味大翻勺，保持原形装盘的烹调方法。扒菜所用的原料多为一些经加工成半成品的高档原料，如鱼翅、熊掌、海参、鲍鱼、鱼肚等。扒的种类较多，主要有红扒、白扒和扣扒。

扒的工艺流程

原料初加工 → 切配 → 叠码成型 → 扒制 → 成菜装盘

扒制菜肴的特点：选料精细，讲究切配，原形原样，不散不乱，略带卤汁，质地酥烂、软嫩，鲜香味醇。

因扒的方法较多，也比较复杂，制作时要注意以下几点：

（1）扒菜的原料在切配前，要用适宜的方法初步熟处理。加工切配时，要根据菜肴的具体要求，将主辅料加工切配成一定规格的形状。

（2）按照菜肴的成型要求，烹调前将加工切配的原料，采用叠、排、摆等手法，分别码在盘内、碗内或锅垫上。

（3）一些菜肴扒制前要先用葱、姜等调料炝锅制汤，加入调味品，将原料从盘内滑入或将锅垫放入锅内扒至入味熟透。

（4）掌握好菜品装盘的手法。菜品烧扒入味成熟，分次酌加水淀粉收汁，边收汁

边转动菜肴，成菜时大翻勺装盘。用锅垫扒制的菜肴，可直接取出反扣在盘内，锅内收浓汤汁，再浇淋在原料上。用碗蒸扒的菜肴，蒸制入味成熟后，炝锅或将原汁滤入锅内收浓，碗内菜肴反扣在盘内，再浇淋收浓的原汁成菜。

学习目标

用扒的方法制作菜肴，如"德州扒鸡""鲜贝冬瓜球""扣肉"等。

关键工艺环节

扒制。

一、红扒

红扒是用扒制的方法将原料制成红色或黄色等菜品的一种烹调方法。红扒菜品一般在扒制前要对原料进行入味处理。

红扒的工艺流程

刀工处理 → 熟处理 → 扒制入味 → 叠码成型 → 挂芡成菜

红扒菜肴的特点：外形整齐美观，色泽红亮或黄亮，明汁亮芡。

关键工艺环节指导

1. 红扒的方法

红扒的关键在于上色扒制。

饴糖上色	饴糖加清水 50 克调匀，均匀地抹在原料上。炒锅内加油，烧至 200 ℃左右，将原料放入，炸至金黄色，捞出沥净油	掌握好油炸的温度及时间，不要炸老
其他有色调味品上色	用酱油、面酱、辣酱等在扒制时直接上色	放入有色调味品的量要适宜，保证成品色泽呈红色或黄色

2. 红扒的技巧

（1）不同成熟度的主辅料要利用初步熟处理来调制，以便缩短扒制时间。

（2）红扒要掌握好加汤量和火力，火力应服从于扒制时间的需要。收汁的水淀粉不宜过浓，要逐次加入，使汤汁稠度均匀、滑动容易，又不至于滑乱形态。

（3）红扒菜汤汁稠度呈清二流芡为宜，即不会掩盖菜肴色彩，又使菜肴粘味清爽。

实例　德州扒鸡

"德州扒鸡"又名"德州五香脱骨扒鸡"，是享誉全国的山东风味名吃，已有80多年的历史。"德州扒鸡"开始由德州宝兰斋饭庄首创，后经"德顺斋"烧鸡铺的韩氏公反复实践、不断总结，终于在1911年研制成功了"五香脱骨扒鸡"。因用扒火慢煮，煨炖至烂，故名"扒鸡"。由于加工精细，配料齐全，色味俱全，携带方便，一时名声大振。1956年在全国食品展销会上被评为一等奖。

菜品名称		德州扒鸡
原料	主料	鸡1只（约重1 000克）
	调辅料	口蘑、姜各50克，酱油150克，精盐25克，花生油1 500克（约耗100克），五香料5克（由丁香、砂仁、草果、白芷、大茴组成），饴糖少许
工艺流程		1. 原料初加工及切配：将活鸡宰杀去毛，除去内脏，用清水洗净，再将鸡的左翅自脖颈下刀口插入，使翅尖由嘴内侧伸出，别在鸡背上，再将鸡的右翅也别在鸡背上。然后把腿骨用刀背轻轻砸断，使两腿并起交叉，将两爪塞入腹内，晾干水分
		关键点：要选用鲜活嫩鸡，一般用1 000～1 250克的鸡，过大过小均不适宜
		2. 上色炸制：饴糖加清水50克调匀，均匀地抹在鸡身上。炒锅内放油，烧至200 ℃左右，将鸡放入炸至金黄色，捞出沥净油
		关键点：注意油炸时的温度，不要将鸡炸老，否则颜色变黑
		3. 扒制成菜：炒锅置旺火上，加入清水（以淹没鸡为度），放入炸好的鸡和五香料包、生姜、精盐、口蘑、酱油，烧沸后撇去浮沫，移微火上焖烧30分钟至鸡酥烂即可
		关键点：加调味品入锅焖烧时，要旺火烧沸后，改用微火焖酥，这样可使鸡更加便于入味。捞鸡时注意保持鸡皮不破、整鸡不碎
成品特点		色泽红润，鸡皮光亮，肉质肥嫩，香气扑鼻，味鲜美
举一反三		红扒的菜肴品种很多，如"红扒鱼翅""鸡腿扒海参"（将鸡腿腌制入味后上笼蒸制，再与海参一同扒制）"红扒鱼唇""扒肘子"（将肘子煮至半熟，抹上糖色，下油锅内炸至金黄色，再上笼蒸烂，最后扒制入味）"海参扒肘子"（将肘子上色油炸后，上笼屉蒸熟再与海参同扒）"红扒裙边""红扒鱼肚"等。与德州扒鸡有所不同，以上菜品均需勾芡

二、白扒

白扒是不用有色调味品调味的扒制方法，操作要领与红扒基本相同。

白扒与红扒的区别在于颜色不同，熟处理的方法也不完全相同。一般情况下，红扒原料可以用油炸，而白扒原料不能用油炸。

白扒的工艺流程

刀工处理 → 熟处理 → 扒制入味 → 叠码成型 → 挂芡成菜

白扒菜肴的特点：色白，质地酥烂、软嫩，鲜香味醇。

 实例 鲜贝冬瓜球

"鲜贝冬瓜球"用白扒方法烹制而成，色泽洁白，造型美观，清鲜爽口。鲜贝能健脾养脾、补气益气、调理胃肠、提高免疫力、增强记忆力，适宜高胆固醇、高血脂以及患有甲状腺肿大、支气管炎、胃病等疾病的人群，脾胃虚寒者不宜多吃。

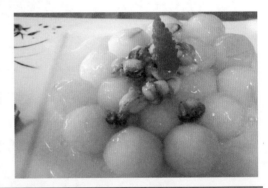

菜品名称		鲜贝冬瓜球
原料	主料	鲜贝 50 克，冬瓜 500 克
	调辅料	葱姜末20克，鸡蛋1个，料酒10克，精盐2克，味精2克，淀粉、葱油、花生油各适量
工艺流程		1. 原料初加工及切配：将冬瓜洗净，用球形刀挖出 20 个冬瓜球
		2. 上浆：将鲜贝洗净，放入碗中，加入鸡蛋清、湿淀粉、精盐抓匀
		关键点：鸡蛋清要抓散，上浆要均匀，不能太厚
		3. 熟处理：锅内放入花生油烧至60 ℃时，放入上好浆的鲜贝滑至断生，捞出控净油。冬瓜球放入高汤锅内焯至八成熟，捞出控净水分
		关键点：鲜贝滑油时油温要低，防止滑老。冬瓜球要焯透，不能过生
		4. 扒制：炒勺内放入花生油烧热，加入葱姜末烹出香味，烹入料酒，再加入冬瓜球和用料酒、精盐、味精、湿淀粉兑成的汁，放入滑好的鲜贝，翻炒均匀，淋上葱油，装盘即可
		关键点：扒制的时间不宜过长，汁烧沸即可，芡汁要明亮，浓度要适宜

续表

菜品名称	鲜贝冬瓜球
成品特点	色泽洁白，造型别致，味咸鲜，口感滑嫩鲜美，为高档海鲜菜肴
举一反三	用此方法将主料变化后还可以制作"八宝原壳鲜贝""扒鲜味菜卷""三丝鱼翅"（海参、鸡丝、笋丝）"鲜蘑菜心""海米扒油菜""扒二冬"（冬菇、冬笋）"扒酿海参"（猪肥瘦肉泥酿入海参内，上笼蒸熟，然后浇淋芡汁成菜）"白扒鱼唇""扒鲍鱼芦笋"等菜肴

三、扣扒

扣扒是以烹调器皿的使用方法来命名的一种扒制方法，操作时先将原料整齐地摆放在碗内，蒸至熟透后再翻扣于盘中，然后淋芡汁成菜。

扣扒的工艺流程

加工处理 → 熟处理 → 码入碗中 → 上笼蒸制 → 反扣盘中 → 淋芡成菜

扣扒菜肴的特点：造型整齐美观，形似反扣的碗，明汁亮芡，口感软糯，味醇厚。

 实例　扣肉

"扣肉"源自百姓嫁娶、招待客人的农家喜宴，是喜宴菜品中的大件之一。"扣肉"的制作工艺较为复杂，要经过煮、蒸等熟制工序，蒸制时要将原料切成片，整齐地码入大黑碗内，蒸透取出，浇淋芡汁即可。成菜色泽红亮，形状美观，口感软糯，味鲜香醇厚。

菜品名称		扣肉
原料	主料	带皮猪五花肉500克
	调辅料	青菜心50克，木耳30克，酱油50克，清汤500克，料酒10克，味精1克，八角1克，桂皮少许，葱段20克，姜片10克，湿淀粉30克，花椒油20克

续表

菜品名称	扣肉
工艺流程	1. 原料初加工及切配：先把猪五花肉在沸水锅里烫一下取出，刮净皮面上的毛。青菜心洗净，切成4厘米长的段 **关键点：**猪肉要选用五花肉，要刮洗干净，烫制去异味 2. 上色：将猪五花肉放入汤锅内煮至六成熟时捞出，抹上糖色 **关键点：**上色要均匀 3. 上笼蒸制：将猪五花肉切成0.5厘米厚的大片，皮朝碗底整齐地码在碗内，加酱油、料酒、清汤、八角、桂皮、葱段、姜片，上笼蒸烂取出，去掉葱、姜、八角、桂皮，汤汁滤入炒锅内，肉反扣在盘内 **关键点：**肉必须蒸烂，做到入口即化。反扣时注意保持菜品外形完整 4. 浇汁成菜：青菜心、木耳焯水，在炒勺内加入清汤、木耳、青菜心、酱油、烧沸后撇去浮沫，用湿淀粉勾芡，加入味精，淋入花椒油，将汤汁浇在肉上即成 **关键点：**芡汁做到明汁亮芡
成品特点	色泽红亮，肉质软烂，浓香不腻
举一反三	用此方法将主料变化后，还可将口蘑切成梳子花刀，入味后整齐地摆放在碗内上笼蒸制，取出反扣在盘中，再浇淋上芡汁，制作"扒口蘑"。再如"云片猴头"，是将猴头蘑片成片，摆入碗底，再将冬笋、火腿、冬菇、熟鸡脯肉等片成片，叉色摆在猴头蘑的周围，加入调味品，上笼蒸熟，反扣于盘中，淋上芡汁成菜

第三节　炖

　　炖是将经过煸炒或焯水后的原料，放入炖锅或其他陶瓷器皿中加入汤汁和调味品，用小火加热至熟软酥烂的一种烹调方法。适合炖的原料以动物性原料、豆制品及食用菌类为主。按加热方式，炖有隔水炖和不隔水炖两种。隔水炖分为传统式和蒸炖式两种。不隔水炖分清炖、砂锅炖、铁锅炖、侉炖、滑炖等。按初步熟处理的方法，炖又分普通炖、清炖等。

炖的工艺流程

加工成型 → 熟处理 → 码入碗中 → 上笼蒸制 → 反扣盘中 → 淋芡成菜

炖制菜肴的特点：汤汁鲜浓，本味突出，质地酥软。

学习目标

用炖的方法制作菜肴，如"清炖加吉鱼""砂锅鱼头""松菇鸡""蒸烧肘子"等。

关键工艺环节

炖制。

关键工艺环节指导

炖制的关键在于火候的运用及器皿的选择。

火力	先用旺火烧开，再用小火长时间加热，汤汁较宽	原料口感以熟烂为宜
器皿的选择	根据菜品的要求，合理选用炖制器皿，如砂锅、炖盅、瓮、汽锅或铁锅等	炖菜要保持原汁原味，保证原料不走味

一、清炖

清炖是将原料改刀后放入开水中烫一下，然后放入兑好的汤中，炖至熟烂成菜的烹调方法。

清炖的工艺流程

原料初加工 → 加工成型 → 焯水 → 加汤兑制 → 调制入味 → 成菜

清炖菜肴的特点：成菜汤浓、味鲜、肉烂，半汤半菜。

实例　清炖加吉鱼

相传，唐太宗李世民东征来到登州（现在的山东蓬莱）。一天，他渡海游览海上仙山，在海岛上品尝了味道鲜美的鱼之后，便问随行的文武官员，此鱼何名？群臣不敢乱说，于是答道："皇上赐名才是"。李世民想到是择吉日渡海，品尝鲜鱼又为吉日增添光彩，为此赐名加吉鱼。加吉鱼具有补胃养脾、祛风、运食的功效，适宜食欲不振、消化不良、产后气血虚弱者食用。

菜品名称	清炖加吉鱼	
原料	主料	加吉鱼1条（约750克）
	调辅料	猪肥肉片50克，油菜心1棵，姜片10克，葱段20克，料酒10克，精盐5克，醋15克，味精2克，香油5克，清汤、花生油适量
工艺流程	1.原料初加工及切配：将加吉鱼去鳞，在肛门处用刀横切一小口，用竹筷子从鱼嘴插入鱼腹部，绞出内脏和鱼鳃后洗净，再在鱼身两面剞上棋子花刀	

续表

菜品名称	清炖加吉鱼
工艺流程	关键点：鱼鳞要刮净，为保证鱼外形完整，内脏要从鱼嘴中用筷子绞出，洗净血污，去除异味。花刀要均匀一致 2. 炖制：锅内放入花生油烧热，放入加吉鱼，煎至两面金黄色时，加入清汤、姜片、葱段、猪肥肉片、料酒、精盐、醋、味精烧沸，撇去浮沫，改用小火炖至汤汁浓白鱼熟时，捞出葱姜不用，将鱼盛入盘内 关键点：炖制时要小火慢慢加热，要求汤汁浓白，半汤半菜 3. 调味成菜：在锅内汤汁中放入油菜心烧沸，淋上香油，浇在鱼身上即成 关键点：炖菜要保持原汁原味，加入的调味品不能掩盖菜品本味
成品特点	汤汁浓白，肉质软嫩，味咸鲜、香味醇
举一反三	清炖是一种较常用的烹调方法。根据原料的不同，常见的菜肴还有"清炖羊肉""清炖牛肉""清炖乌鸡""清炖豆腐""清炖猪脑"等

二、砂锅炖

砂锅炖是将原料改刀后放入砂锅内，添汤加调料，用慢火炖至熟烂成菜的烹调方法。

砂锅炖的工艺流程

原料初加工 → 加工成型 → 焯水 → 入砂锅加汤炖制 → 调制入味 → 成菜

砂锅炖制菜肴的特点：体现砂锅的特性，保温性能好，成菜后不易凉，而且成品味醇、鲜美。

实例　砂锅鱼头

"炖"由煮演变而来，至清代始见于文字记载。《食宪鸿秘》中有"炖鸡""蟹炖蛋"等菜肴。《随园食单》中有"赤炖"法等烹饪技法。"砂锅鱼头"选用鲢鱼头，用不隔水炖法精制而成，香味浓郁，肉质嫩滑，是鲁菜的风味菜肴之一。本实例是在原有"砂锅鱼

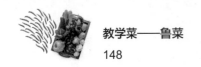

头"做法的基础上，变换调味品及调味方法后的创新菜品，口味独特，有浓郁的配料香味，但不见配料。在口味和营养方面，比原先有了较大改变，丰富了许多。常吃鲢鱼头不仅可以健脑，而且还可延缓脑力衰退，适宜青年、记忆力减退者、老年人食用。患有瘙痒性皮肤病以及有内热、荨麻疹、癣病者应忌食。

菜品名称		砂锅鱼头
原料	主料	鲢鱼头 1 000 克，鲫鱼 4 条（约 500 克）
	调辅料	海鲜酱 50 克，柱侯酱 50 克，海天酱油、老抽、美极鲜共 30 克，鱼露 20 克，蚝油 20 克，青岛酱油 10 克，花雕油 5 克，胡椒粉 2 克，白糖 5 克，香油 5 克，胡萝卜 20 克，西芹 20 克，香菇 10 克，洋葱 10 克，青柿椒 10 克，葱 5 克，姜 5 克，精盐 2 克，味精 1 克，色拉油 100 克，生粉 5 克，清汤 500 克，香菜适量
工艺流程		1. 原料初加工及切配：将鲢鱼头洗净，用刀劈开。鲫鱼择洗干净。胡萝卜洗净切片，西芹片抹刀片，香菇片片，洋葱切大块，青柿椒切片，葱、姜切米 **关键点**：原料成型要整齐均匀，鱼头要洗干净 2. 腌制鱼头：用海鲜酱、柱侯酱、海天酱油、老抽、美极鲜、鱼露、蚝油、青岛酱油、花雕油、胡椒粉、白糖、香油、生粉兑成腌鱼的料汁，将鱼头放入料汁中腌渍 20 分钟 **关键点**：鱼头要事先腌透入味 3. 调制炖汁：将胡萝卜、西芹、香菇、洋葱、青柿椒、葱、姜、鲫鱼放在一起加清水 1 000 克，用小火煮 0.5 小时，去掉蔬菜后再加入老抽、鱼露、美极鲜、盐、味精，做成鱼汁 **关键点**：配料要用清汤小火煮制，使其汁浸入汤汁中，以增加滋味和营养成分 4. 炖制成菜：将砂锅置火上，加入色拉油烧热，加入姜片、葱，清汤，再将腌好的鱼头放入砂锅内，加入腌鱼用的料汁，烧至鱼头七成熟时，再加入调制好的鱼汁，慢火炖至熟烂、汤浓后，撒上香菜即可 **关键点**：炖制时要用小火，汤汁最后要收浓
成品特点		色泽洁白，香味浓郁，肉质嫩滑
举一反三		用此方法将主料变化后还可以制作"砂锅豆腐""砂锅羊肉""砂锅鸡"等菜肴

三、普通炖

普通炖是将主料放入勺内煸炒后，加上汤（汤要没过原料），放入调料，用慢火炖烂成菜的烹调方法。

普通炖的工艺流程

原料初加工 → 加工成型 → 焯水 → 炝锅煸炒 → 加汤炖制 → 调制入味 → 成菜

普通炖菜肴的特点：保持原汤原味，肉烂汤醇，味鲜香浓郁。

实例　松菇鸡

"松菇鸡"是山东沂蒙山区的特色风味菜品，选用农家喂养的草鸡配以松菇，用慢火炖制而成，属绿色天然食品。菜品色泽酱黄，鸡肉酥烂，汤汁味醇，松菇香味浓郁。

菜品名称		松菇鸡
原料	主料	草鸡1只（约1500克）
	调辅料	干松菇50克，葱、姜、蒜各10克，料包1个（花椒5克、大茴1个、桂皮2克），精盐3克，料酒10克，味精1克，酱油10克，干红辣椒2个，猪油50克，清汤1000克，香菜适量
工艺流程		1. 原料初加工及切配：将鸡宰杀后整理干净，用刀剁成2厘米见方的块，用开水焯一下备用。葱、姜、蒜分别切成片。松菇用清水泡开，反复择洗干净，去掉污物
		关键点：草鸡以选用肉质较老的为好，炖制后味道更加醇厚
		2. 炖制：锅置中火上，加入猪油烧至200℃时，放入焯过的鸡块，煸炒至水分蒸干，加入葱、姜、蒜片、干辣椒，继续煸炒至出香味，加入清汤、松菇、酱油、料酒、精盐、料包，旺火烧开，撇去浮沫，改用小火慢慢炖至鸡肉熟烂
		关键点：最好用猪油煸炒，煸炒时要将鸡肉内的水分煸干，否则炖出来的鸡肉香味不足。要用慢火炖制，保证鸡肉既熟又烂
		3. 收汁成菜：汤汁变浓时，加入味精，取出料包，撒上香菜，盛入汤盆内即成
		关键点：收汁至汤汁变浓时出锅即可
成品特点		色泽酱黄，鸡肉酥烂，汤汁味醇，松菇香味浓郁
举一反三		用此方法将主料变化后制作的菜品还有"肉炖白菜""香菇炖鸡""栗子炖鸡""人参炖乌鸡"等

四、蒸炖

蒸炖是将原料放在盛器中，隔水加热使原料成熟的烹调方法。这种炖法可使原料不失鲜味，富有原料原有的风味，且汤汁澄清。现在多将原料放入炖盅、汽锅等器皿内，加入适量的汤汁，封闭后在蒸汽中加热烹制。

蒸炖的工艺流程

原料初加工 → 加工成型 → 焯水 → 煸炒 → 加汤入味 → 上笼蒸炖 → 成菜

蒸炖菜肴的特点：富有原料原有的风味，且汤汁澄清、味鲜香醇。

实例　蒸炖肘子

"蒸炖肘子"一般用于高档宴席，按顾客人数制作，事先将原料分盛于器皿（炖盅）内，然后上笼蒸炖，上桌时每人一份，别具风味。

菜品名称		蒸炖肘子
原料	主料	带皮猪后肘子 1 500 克
	调辅料	酱油 5 克，料酒 1 000 克，大红枣 3 个，葱段 3 克，姜块 3 克，砂仁、桂皮、丁香各少许，冰糖 25 克
工艺流程		1. 原料初加工及切配：将猪肘子加工整理后去肘骨，切成 15 厘米见方的块，放汤锅中煮至七成熟，取出晾凉后切成长 5 厘米、宽 3 厘米、厚 1 厘米的块。 **关键点：** 刀工成型要整齐美观 2. 炖制：将葱段、姜块、砂仁、桂皮、丁香、大红枣用洁净干布包好，放在砂锅内，加入料酒、酱油，用微火烧开，再放入猪肘子、冰糖和少许清水，用微火炖制 2～3 小时，撇净浮油 **关键点：** 炖制时要用小火，一定要炖熟烂 3. 蒸制成菜：食用时，将肘子块皮朝碗底整齐地摆放在碗内，浇上汁，用玻璃纸封好口，再上笼蒸约 30 分钟，取出扣在盘内即成 **关键点：** 上笼蒸制时要封好碗口，以免成品走味

菜品名称	蒸炖肘子
成品特点	色泽淡雅，装盘上桌后香气飘溢，肥而不腻，酒香味浓郁
举一反三	用此方法将主料变化后还可以制作"椰汁炖宫燕"等菜肴。再如"酸辣鱼蛋汤"，即将乌鱼蛋放水锅煮熟片成片，与火腿、香菇、冬笋、海参一起装入炖盅内，加入清汤、酱油、白糖、胡椒粉、精盐入笼蒸炖10分钟，取出加入香醋、香菜即可

第四节　焖

　　焖是指将经炸、煸、炒、焯水等初步熟处理的原料，加入汤汁，旺火烧沸后撇去浮沫，放入调味品，加盖用小火长时间加热，使之成熟并收汁至浓稠的烹调方法。适合焖制的原料主要有鸡、鸭、鹅、猪肉、鱼、蘑菇、鲜笋等。

　　根据菜品的色泽和调味的区别，焖有黄焖、红焖、油焖和煎焖四种；根据加热方式与器皿的不同，又可分为锅中焖、蒸后浇汁焖、罐焖、坛子焖及竹筒焖等。

焖的工艺流程

切配 → 初步熟处理 → 调味焖制 → 收汁装盘

　　焖制菜肴的特点：形态完整，汁浓味醇，熟软醇鲜或软嫩鲜香。

　　制作焖菜比较复杂，制作时要做到以下几点：

　　（1）焖菜要选择质地细腻、鲜香味美、受热易熟的主、辅原料，切配规格为条、块或自然形态。

　　（2）原料初步熟处理时，要掌握上色深浅或保色的效果。一般黄焖以醇厚香鲜的咸鲜味，红焖以浓厚味辣的家常味，油焖以清香鲜美的咸鲜味为主。

　　（3）在调味焖制阶段，要用旺火烧沸，撇去浮沫，再加入调味品烧沸，基本定味后，盖严锅盖，移至慢火烧至软熟。

　　（4）根据原料焖制前是否挂糊、含胶质轻重、菜肴软嫩质感的具体情况，决定是否勾芡，以及收汁的浓度。

（5）焖制过程中必须加盖，中途不能加水和调料，熟时再打开盖。

学习目标

用焖的方法制作菜肴，如"黄焖鸡块""焖对虾""油焖冬菇""煎焖鲳鱼"等。

关键工艺环节

焖制。

一、黄焖

黄焖是成菜色泽较浅的一种焖制方法。黄焖又称酱焖，其色泽为金黄色。黄焖采用炒糖汁和甜面酱的方法，使菜肴色泽金黄，口味酱香。

黄焖的工艺流程

炒制糖色 → 炒制甜面酱 → 煸炒主料 → 加盖焖制

黄焖菜肴的特点：色泽金黄，质感熟烂，口味酱香醇厚。

关键工艺环节指导

1. 黄焖的方法

焖制时要掌握好炒糖、炒酱的方法和火力。

炒糖	猪油 50 克，白糖 10 克，入锅炒至白糖熔化，呈红色	使原料上色
炒酱	炒好糖色后，加入面酱 10 克，炒熟	使原料上色，提酱香味
火力	原料上色后，用旺火烧开，再改用小火长时间焖制	口感嫩烂，味醇厚、香鲜，色金黄

2. 黄焖的技巧

（1）用豆瓣辣酱调味，炒至油呈红色，加汤烧至出味，撇去豆瓣渣后再放入原料焖制。花椒香料应用纱布包好使用，成菜后拣去不要，这样才能保证菜肴清爽美观。

（2）黄焖菜的汤汁不可多，加汤量以平齐原料为宜。应先用旺火烧开，再改用小

火长时间焖制。汤汁可用芡汁处理，也可用自来芡，将汤汁收至浓稠。

（3）要正确估计焖制的成熟时间，尽量减少揭锅盖次数，以保证焖制菜肴的色、香、味。

实例　黄焖鸡块

　　"黄焖鸡块"是山东济宁地区的传统名菜，是典型的黄焖菜肴。此菜制作精细，功于火候，主料必须选用当年的雏鸡，且须用微火焖煨，方能达到味透肉烂的效果。

菜品名称		黄焖鸡块
原料	主料	白条雏鸡1只（约1 350克）
	调辅料	酱油15克，料酒15克，精盐2克，白糖10克，甜面酱10克，姜片3克，高汤300克，猪油50克，葱段15克，葱油10克
工艺流程		1. 原料初加工及切配：将白条鸡洗净，剁去嘴、爪、翅尖，从脊背中间劈开，再剁成3厘米见方的块 **关键点**：原料成型要整齐均匀 2. 炒糖色：炒锅内放入猪油，小火烧至120℃时，放入白糖炒成红色 **关键点**：炒糖色时不要炒老，以免发苦，也不要炒嫩，以免不上色 3. 炒酱及煸炒鸡块：加入甜面酱炒出香味，随即将鸡块、葱段、姜片倒入炒勺内，翻搅煸透 **关键点**：甜面酱要炒熟，鸡块要煸透 4. 焖制成菜：烹入酱油，加入高汤、精盐烧沸，加盖煨炖至鸡块有八成熟时，放入料酒，移至中火上煨焖，待汤浓稠时，淋上葱油，颠匀出锅即成 **关键点**：焖制时要用旺火烧开，小火焖透，否则不易入味
成品特点		色泽金黄，鸡肉嫩烂，酱香味浓醇
举一反三		用此方法将主料变化后还可以制作"黄焖甲鱼""黄焖鸭肝""黄焖兔肉""黄焖排骨""黄焖鲫鱼"等菜肴

二、红焖

红焖是成菜色泽较深的一种焖制方法，成品色泽为深红色。其熟处理的方法一般采用油炸或上笼蒸制。红焖与黄焖的操作方法基本相同，只是红焖色泽为深红色，不需炒酱，只炒糖色。

红焖的工艺流程

$$\boxed{刀工处理} \rightarrow \boxed{上色处理} \rightarrow \boxed{初步熟处理} \rightarrow \boxed{焖制成菜}$$

红焖菜肴的特点：色泽红亮，肉质软烂，肥而不腻。

 实例　焖对虾

"焖"由烧、煮、炖、煨等烹调方法演变而来。焖法始于宋代，《吴氏中馈录》"治食有法"中的"煮诸般肉封锅口……易烂又香"的记载，元代《居家比用天类全集》中记有较多具体焖制方法，晚清《调鼎集》中出现了锅焖、干焖、黄焖、酒焖、罐焖等文字。"焖对虾"用红焖法制作而成，色泽红亮，味鲜咸微甜，是鲁菜传统菜肴之一。

菜品名称	焖对虾	
原料	主料	对虾 300 克
	调辅料	葱、姜、蒜末共 20 克，白糖 30 克，清汤 300 克，料酒 10 克，精盐 2 克，葱油 20 克，花生油 50 克
工艺流程		1. 原料初加工及切配：将虾剪去虾枪、爪、尾，去掉虾线，每只虾剁成 4 段（头部 1 段、身部 3 段）
		关键点：刀工成型要整齐均匀
		2. 煸炒、焖制成菜：炒锅内加入花生油烧至 90 ℃，放入虾头煸出虾脑时，再放入虾段煸炒至红色，拨至勺边。锅内放入花生油少许，加入葱、姜、蒜末烹出香味，再加入清汤、料酒、白糖、精盐烧沸，加盖后改用小火焖制。待汤汁将干时，淋上葱油，颠翻均匀，装盘即成
		关键点：焖制时必须用小火，控制好焖制的时间，防止煳锅底

续表

菜品名称	焖对虾
成品特点	色泽红亮，味鲜咸微甜
举一反三	用此方法将主料变化后还可以制作"红焖鱼块""红焖羊肉""红焖鸡腿""红焖甲鱼""红焖凉瓜"等菜肴

三、油焖

油焖主要是以调味油和调料汁进行焖制成菜的一种烹调方法。焖制时加汤量比其他焖法要少，焖制时间要短，初步熟处理一般采用煸炒或油炸的方法。油焖要求使用鲜嫩易熟的原料。

油焖的工艺流程

刀工处理 → 初步熟处理 → 煸炒 → 焖制成菜 → 装盘

油焖菜肴的特点：色泽浅红油亮，口感软烂，味咸鲜香醇。

实例　油焖冬菇

"油焖"是焖法中最常用的方法之一。"油焖冬菇"是常见菜品，制作时要在放入香菇片时加入调味品，翻炒均匀，而后小火焖1分钟，使香菇充分入味，这是此菜的操作重点。冬菇有补气益胃、托疮排毒的功效，对体虚食少、咽炎、气管炎、贫血、神经衰弱、肾炎水肿、高血压、胆固醇增高症、腰腿酸痹等症有一定食疗作用。

菜品名称		油焖冬菇
原料	主料	水发冬菇 250 克
	调辅料	料酒 15 克，精盐 2 克，味精 2 克，白糖 10 克，猪油 60 克，花椒油 10 克，青蒜段 25 克，姜丝 3 克，姜汁 5 克，高汤 75 克

续表

菜品名称	油焖冬菇
工艺流程	1. 原料初加工及切配：将冬菇洗净，斜切成两半 **关键点**：洗涤干净，切配大小要均匀 2. 煸炒主料：炒勺置中火上，放入猪油、花椒油烧热，加入姜丝和冬菇煸炒 **关键点**：根据原料的不同质地，采用不同方法进行初步熟处理。鱼、兔、鸡等原料宜炸制；豌豆、红豆笋等原料宜滑油；鸭、鹅、猪肉等原料宜煸炒；莴笋、萝卜等蔬菜宜焯水或煸炒 3. 焖制：放入料酒、高汤、姜汁、白糖、精盐、味精继续煸炒几下，盖上锅盖，把勺移至微火上焖制 **关键点**：掌握好火候，不可焖制时间过长，熟透即止 4. 收汁成菜：待冬菇焖至将要熟透，汁浓、色红亮时，将炒勺移至旺火上收汁，放入青蒜段，颠翻几下即可出勺装盘 **关键点**：汤汁可用芡汁处理，也可用自来芡，将汤汁收至剩余1/3时即可
成品特点	色泽浅红油亮，口味鲜香醇厚，鲜咸微甜
举一反三	用此方法将主料变化后还可以制作"油焖冬笋""油焖排骨""油焖大虾""蚝油焖鸭"等菜肴

四、煎焖

煎焖是以煎为第一道加热工序，然后再加汤、调料焖制成菜的烹调方法。如"煎焖带鱼""煎焖鲳鱼"等。

煎焖的工艺流程

刀工处理 → 初步熟处理 → 煎制 → 焖制成菜 → 装盘

煎焖菜肴的特点：汁喂入原料内部，成菜汤汁少，口感软嫩，味鲜香。

实例 煎焖鲳鱼

"煎焖鲳鱼"由于在鱼的外层挂上一层鸡蛋糊，经过油煎后再焖制，使其质感、色泽及风味发生了改变，给人以焕然一新的感觉。制作时，鱼体裹上蛋液是为了防止鱼肉散开，改善质感，适量即可。盐和醋的调味最为关键，口味不能太淡，调好汤汁的煎焖鱼味道相当鲜美。鲳鱼具有益气养血、补胃益精、滑利关节、柔筋利骨之功效，对消化不良、脾虚泄泻、贫血、筋骨酸痛等很有效。还可用于小儿久病体虚、气血不足、倦怠乏力、食欲不振等症。

菜品名称		煎焖鲳鱼
原料	主料	鲳鱼 350 克
	调辅料	鸡蛋 100 克，面粉 50 克，精盐 10 克，酱油 25 克，料酒 15 克，醋 10 克，大葱 10 克，姜 10 克，大蒜 10 克，味精 2 克，花生油 150 克，高汤 500 克
工艺流程		1. 原料初加工及切配：将鲳鱼去内脏，洗净后顺长一切两瓣。葱、姜、蒜去皮，洗净切成片待用 **关键点**：刀工成型要整齐均匀 2. 调制鸡蛋糊：鸡蛋打入碗中，放入面粉调成鸡蛋糊 **关键点**：掌握好糊的厚度，不可过厚 3. 煎制：锅置火上，放入花生油烧热，将鱼粘匀鸡蛋糊，整齐地码入锅中，待鱼两面煎至深黄色时倒入盘内 **关键点**：注意火候，煎至原料两面呈深金黄色即可，防止煎煳 4. 焖制成菜：锅内再倒入花生油，烧热后下入葱、姜、蒜片，煸炒出香味后加入精盐、味精、酱油、料酒、醋，加入高汤（以淹没原料为好），烧开后改用小火焖制，至汤汁快要干时起锅装盘即可 **关键点**：掌握好焖制的时间与火候，要用小火焖制，并不断晃动原料，以防煳锅底
成品特点		色泽红润，味浓醇厚，鲜咸适口
举一反三		用此方法将主料变化后还可以制作"煎焖带鱼""煎焖豆腐""煎焖黄花鱼""煎焖鲫鱼""煎焖鱼盒"等菜肴

第七章

制作煮、熬、烩、汆、涮 类菜肴

学习目标

1. 了解煮、熬、烩、汆、涮的工艺流程及特点
2. 掌握煮、熬、烩、汆、涮类菜肴的制作方法 与要领
3. 学会用煮、熬、烩、汆、涮的方法制作各 种菜品

第一节 煮

  煮是将原料放入大量的汤汁或清水中，先用旺火烧沸，再用中火或小火加热、调味成菜的烹调方法。用于煮的原料可以是生料，也可以是经过初步熟处理的半成品原料。肉类、豆制品、水果，以及部分蔬菜适合煮制菜肴。

煮的工艺流程

原料初加工 → 刀工处理 → 入味煮制 → 装盘成菜

  煮制菜肴的特点：汤宽汁厚，汤菜合一，不勾芡，口味清鲜。但有些煮菜装盘时不带汤汁，直接将煮熟的原料捞出装盘食用，如"盐水大虾"。

学习目标

  用煮的方法制作菜肴，如"醋椒活鱼"等。

关键工艺环节

  煮制。

关键工艺环节指导

  煮制菜肴时要掌握好水量、火力、时间和原料成熟度。

水量	一次加足，不要中途加凉水，以免原料受热不均匀而影响水煮的质量	一般水要没过原料
火力	控制好火力的大小，以保持原料的鲜香和滋润度	保持汤面微沸而不腾为好
时间和成熟度	根据原料的老嫩，掌握好煮制的时间和成熟度	易成熟的加热时间要短一些，不易成熟的加热时间要长一些

 实例 醋椒活鱼

"醋椒活鱼"是济南的一款传统名菜，在鲁南地区经久不衰。因选用黄河活鲤鱼，并以醋、胡椒与鸡汤烹制，故名"醋椒鱼"。该菜汤浓，鱼肉鲜美，酸辣适口，深受人们的喜爱。"醋椒活鱼"在清朝初年就已闻名济南，后随大批山东菜馆和厨师入京，但在用料上有所不同，山东用当地鲤鱼，北京则用鳜鱼。

菜品名称		醋椒活鱼
原料	主料	活鲤鱼1条（约1 000克）
	调辅料	香菜20克，葱20克，姜20克，清汤1 000克，精盐10克，料酒50克，味精2克，酱油5克，醋40克，香油5克，胡椒粉3克
工艺流程		1. 原料初加工及切配：把鱼去鳞、鳃、内脏，洗涤干净，用刀在鱼的两面剞上柳叶花刀，放入沸水锅内稍烫。葱、姜切丝，香菜切段 **关键点**：要选择活鱼，以保证菜肴鲜嫩。洗涤干净，用沸水稍烫以去掉异味 2. 调味煮制：炒锅内放入清汤、料酒、精盐、味精、酱油、葱丝、姜丝和烫好的鱼，用旺火烧沸，将鱼煮至熟透后捞出放入汤盆内 **关键点**：煮制的时间不要太长，以熟透为宜 3. 浇汁成菜：再在剩余的汤内加醋、胡椒粉、香油、香菜段，浇在鱼身上即可 **关键点**：汤汁的量以没过鱼体为宜
成品特点		半汤半菜，酸辣鲜香，清淡适口
举一反三		煮菜类菜品还有成菜不带汤汁，直接将煮熟的原料盛装于盘中上桌食用的方法，如"盐水大虾""绣球鸡胗""姜汁大蟹""泰安烫豆腐"等均属此类方法

第二节 熬

熬是用热油、葱、姜等调料烹锅，投入主料稍煸，加入汤汁和调味品，旺火烧开，慢火成熟的一种烹调方法。熬与不隔水炖相似，所不同的是：熬菜先用葱、姜烹锅，再煸炒主料，然后加汤和水，汤汁比炖要多，而且不勾芡。熬制方法用料广泛，最适于制作大锅菜。

熬的工艺流程

原料初加工 → 刀工处理 → 煎或炒 → 熬制 → 装盘成菜

熬制菜肴的特点：操作简单，有汤有菜，酥烂不腻，味道鲜香。

学习目标

用熬的方法制作菜肴，如"家常熬加吉鱼""熬小豆腐"等。

关键工艺环节

熬制。

关键工艺环节指导

熬制菜肴时要掌握好汤汁量、调味和火力的顺序。

汤汁	加入汤汁要适量，尤其是以含水量较多的蔬菜原料为主料时更应注意，否则加热后蔬菜内水分溢出后，汤量增多，不符合熬菜半汤半菜的要求	以淹没原料为度，熬制菜肴不勾芡
调味	先在锅内加底油，烧热后用葱、姜等调味品烹锅	投入半成品原料，再加汤汁和其他调味品
火力	加汤烧开后，要用慢火加热，以保证原料质地酥烂，汤醇味浓	旺火烧开后，再用小火加热成熟

实例　家常熬加吉鱼

　　"家常熬加吉鱼"是用民间的烹调方法，俗称"家常熬"熬制而成，制作简便，深为大众所喜爱。后来经厨师精工处理，加以调味，成为汤鲜味浓、鱼肉软嫩、清香适口的佳肴。

菜品名称		家常熬加吉鱼
原料	主料	加吉鱼1条（约800克）
	调辅料	肥瘦肉50克，精盐5克，酱油5克，味精1克，料酒30克，香油5克，葱丝、姜丝、蒜片各5克，香菜20克，猪油50克，清汤1 000克
工艺流程		1. 原料初加工及切配：将鱼择洗干净，两面剞上一字花刀。肥瘦肉切成细丝，香菜切段 **关键点**：原料成型要整齐均匀 2. 煎制：炒锅内放入猪油，烧至250 ℃时，将鱼下锅煎至两面金黄 **关键点**：掌握好火候，防止煎煳 3. 熬制成菜：放入葱丝、姜丝、蒜片和肉丝，煸好后放入清汤、精盐、酱油、料酒，烧开后撇去浮沫，放入煎好的鱼，用微火熬6分钟，将鱼捞出，盛入汤盘内。锅内的汤汁加入香菜、味精，烧沸后浇在鱼身上，再淋上香油即可 **关键点**：加汤调味后要用旺火烧开，汤变白时再改为微火熬制，以保证汤汁味浓厚

续表

菜品名称	家常熬加吉鱼
成品特点	鱼肉鲜嫩，汤鲜味美，清香适口
举一反三	用此方法将主料变化后还可以制作"熬鲳鱼""熬带鱼""熬瓦楞鱼块"等菜肴

第三节　烩

　　烩是将多种原料一起放入锅内，用旺火加热制成半汤半菜的烹调方法。烩菜所用原料多数是经过初步熟处理的原料，也可配一些质地柔嫩、极易成熟的生料。烩菜一般要用调味品炝锅，由于成菜汤汁较多，一般需勾薄芡，并淋入适量明油。根据用料、汤汁色泽情况，烩可分为本色烩、奶汤烩、清烩、生料烩、熟料烩、炝锅烩等。另外，还有红烩和白烩之说，其烩制的方法基本相同，只是颜色有所不同。

烩的工艺流程

刀工处理 → 初步熟处理 → 炝锅烩制 → 装盘成菜

　　烩菜的特点：用料多，汁浓宽厚，色泽鲜艳，菜汁合一，清淡鲜香或味浓香醇。

学习目标

　　用烩的方法制作菜肴，如"蹄筋烩鱿鱼""烩鸭四宝""烩乌鱼蛋""烩肉松""捶烩鸡片"等。

关键工艺环节

　　烩制。

一、本色烩

本色烩是指以原料的自然色为主色，不加任何有色调味品的一种烩制方法。制作要领是保持原料的原色原味，一般用水煮、焯水和蒸制作为初步熟处理的方法。

本色烩的工艺流程

刀工处理 → 初步熟处理 → 烩制 → 装盘成菜

本色烩制菜肴的特点：汤汁清而鲜，口感软滑或鲜嫩，味鲜咸醇厚。

关键工艺环节指导

烩制时要掌握好用汤量、火力、色泽及芡汁的处理方法。

用汤	用汤以一般鲜汤为主	半汤半菜，菜汁合一
火力	旺火	尽量缩短烩制成菜时间，汤开即可
色泽	以原料的自然色为主色	保持原料的原色原味
芡汁	一般不勾芡，原汤原汁	保持菜肴清淡爽口的风味特色

实例 蹄筋烩鱿鱼

"蹄筋烩鱿鱼"用烩的方法烹制而成，该菜经过勾芡处理，其味道更加醇厚，是百姓餐桌上的一道丰美佳肴。牛蹄筋有益气补虚，温中暖中的作用。鱿鱼可辅助治疗缺铁性贫血等疾病，同时可增强机体免疫力。

菜品名称		蹄筋烩鱿鱼
原料	主料	水发蹄筋 150 克，鲜鱿鱼 150 克
	调辅料	竹笋 50 克，冬菇 20 克，青菜心 2 克，鲜汤 500 克，精盐 4 克，味精、葱姜末 2 克，鸡油 5 克，熟猪油 20 克

菜品名称	蹄筋烩鱿鱼
工艺流程	1. 原料初加工及切配：将蹄筋、鱿鱼洗净，蹄筋片片，鱿鱼打梳子花刀，切成梳子片。将竹笋、冬菇分别切片 **关键点**：成型要均匀一致 2. 焯水：将鱿鱼、蹄筋分别放入高汤锅内焯水后捞出，控净汁水 **关键点**：控制好鱿鱼的焯水时间，不能焯老 3. 烩制成菜：炒锅内放猪油，烧至 90 ℃时，下入葱姜末炒出香味，放入竹笋、冬菇稍煸，加入鲜汤、精盐、蹄筋、鱿鱼烧沸，撇去浮沫，加入菜心，最后放味精，淋入鸡油即成 **关键点**：要用高汤烩制，以增加菜品的鲜醇度。吃火时间不要太长，汤与蹄筋、鱿鱼入锅烧沸后，移小火略烩一下即可
成品特点	汤汁清而鲜，蹄筋软滑，鱿鱼鲜嫩，味鲜咸醇厚
举一反三	用此方法将主料变化后还可以制作"烩干贝冬瓜"（将冬瓜、胡萝卜切粒，西兰花改切成小朵，加入高汤和精盐、味精、胡椒粉等调味品烧沸后，加入干贝丝，分盛入炖盅内即成）"山药烩猪蹄"等菜肴

二、奶汤烩

奶汤烩是用奶汤烩制成菜的方法。奶汤烩用料多样，汤白清香味美，滑润爽口。奶汤烩的操作要领是烩制时必须用奶白高汤制作，原料烩制前一般要经焯水和煮制熟处理。奶汤烩成菜一般不勾芡。

奶汤烩的工艺流程

刀工处理 → 初步熟处理 → 加奶汤烩制 → 装盘成菜

奶汤烩制菜肴的特点：色泽洁白，原料质感软烂，汁宽味鲜。

关键工艺环节指导

烩制时要处理好用汤量、火力、色泽及芡汁。

用汤	一般以奶汤为主	半汤半菜，菜汁合一
火力	旺火	尽量缩短烩制成菜的时间，汤开即可
色泽	乳白色	保持原料原色原味，色泽乳白
芡汁	一般不勾芡，原汤原汁	保持菜肴清淡爽口的风味特色

实例 烩鸭四宝

"烩鸭四宝"是鲁菜"全鸭汤"中的一道大件菜。"鸭四宝"指鸭舌、鸭腰、鸭翅和鸭掌。成菜"四宝"软烂，汁宽味鲜，营养丰富，食之满口生香。鸭肉对身体虚弱、病后体虚、营养不良性水肿等症有一定食疗效果。

菜品名称		烩鸭四宝
原料	主料	熟鸭翅 100 克，熟鸭舌 100 克，熟鸭腰 100 克，熟鸭掌 100 克
	调辅料	火腿片 20 克，葱姜末 10 克，水发冬菇片 10 克，菜心 2 棵，鲜口蘑 25 克，精盐 3 克，料酒 20 克，味精 5 克，葱油 100 克，浓白汤 750 克
工艺流程		1. 原料初加工及切配：将鸭翅出骨，一切两半，鸭掌去骨，一劈两半，鸭舌去舌苔和骨，鸭腰去外膜，一切两半，均放入沸水中焯出。将冬菇片、火腿片、鲜口蘑、菜心放入沸水中焯出，回凉 **关键点**：掌握好焯水时间和出锅时机，以原料下锅后水沸即捞出为宜 2. 烩制成菜：锅内放入浓白汤，放入葱姜末、料酒、精盐、味精、鸭翅、鸭舌、鸭腰、鸭掌和冬菇片、鲜口蘑、火腿片、菜心烧沸，淋入葱油，盛入汤碗内即可 **关键点**：烩制的时间不宜过长，以汤沸即出锅为宜
成品特点		成菜"四宝"软烂，汁宽味鲜
举一反三		将主料变化后，奶汤烩的代表性菜肴还有"奶汤大肠"（将猪大肠煮至熟烂后，再用奶汤加配料烩制）"奶汤银丝"（将猪肚煮熟后切成丝，加奶汤和配料烩制）"奶汤鸡丝""奶汤蒲菜""奶汤白菜"等

三、清烩

清烩是直接用清汤烩制成菜的一种烹调方法。成菜汤清味鲜美，色泽鲜艳。清烩的操作要领与奶汤烩基本相同，只是清烩用清汤烩制。

清烩的工艺流程

刀工处理 → 初步熟处理 → 加清汤烩制 → 装盘成菜

清烩菜肴的特点：色泽明亮，汤清鲜、味美醇厚。

 实例　烩乌鱼蛋

"烩乌鱼蛋"是一款传统名菜。此菜早在清代初期即在山东盛行，清代中期在北京的山东菜馆中也常有供应，受到当时一些文人雅士的欢迎。清乾隆年间，文学家与烹饪学家袁枚曾多次品尝过此菜，并在他所著的《随园食单》中记载了该菜的做法。

菜品名称		烩乌鱼蛋
原料	主料	水发乌鱼蛋 200 克
	调辅料	冬笋片 25 克，菜心 20 克，葱姜末 15 克，清汤 750 克，精盐 2 克，料酒 10 克，酱油 5 克，味精 1 克，姜片 10 克，花椒 15 克，湿淀粉 15 克，葱油、花椒油各 10 克
工艺流程		1. 原料初加工及蒸制：将乌鱼蛋洗净，放入干净的碗内，加入清汤、葱姜末、花椒，放入蒸锅中足汽蒸 5 分钟取出，搓成片 关键点：蒸制时汽要足，蒸透至用手能搓成片为宜 2. 加汤烩制：锅内放入清汤，加入料酒、酱油、精盐、味精、乌鱼蛋片、笋片、菜心烧沸，撇去浮沫，用湿淀粉勾芡，淋入葱油、花椒油，盛入汤碗内即成 关键点：必须用清汤烩制，而且烩制的时间不能长，开锅即可
成品特点		色泽明亮，汤清鲜、味美、醇厚
举一反三		用此方法将主料变化后还可以制作"烩鸡丝""烩银丝""烩三鲜"等菜肴

四、红烩

红烩是用有色调味品将汤汁调制成红色的烩制方法。主料多经挂糊炸制，而且出锅前要勾芡。

红烩的工艺流程

| 原料初加工 | → | 刀工处理 | → | 过油 | → | 加清汤烩制 | → | 装盘成菜 |

红烩菜肴的特点：质感软嫩，汤色红。

关键工艺环节指导

烩制时要处理好用汤量、火力、色泽及芡汁。

用汤	一般以清汤为主	半汤半菜，菜汁合一
火力	旺火	尽量缩短烩制成菜时间，汤开即可
色泽	红色	用有色调味品将汤汁调制成红色
芡汁	根据菜肴的质感掌握好勾芡的稀薄浓稠度，汤开后即可勾芡，以保持鲜嫩	勾芡不宜过浓，芡汁浓稠度以食用时清爽不糊，不掩盖色彩为宜

实例 烩肉松

"烩肉松"是鲁菜传统菜品之一，采用红烩方法制作而成。此菜多用作下饭菜，尤其在喜宴中，常以此菜作为下饭菜肴。成菜肉松软嫩，汤色红，味鲜香醇厚。

菜品名称	烩肉松	
原料	主料	猪硬肋肉 200 克
	调辅料	酱油 10 克，精盐 3 克，味精 1 克，料酒 3 克，湿淀粉 30 克，鸡蛋清 1 个，花生油 1 000 克（约耗 50 克），花椒油 5 克，清汤 750 克
工艺流程	1. 原料初加工及切配：将猪硬肋肉切成长 4 厘米、宽厚各 0.7 厘米的条 **关键点**：原料成型要整齐均匀 2. 调制蛋糊：将切好的肉条放入碗内，加入精盐、鸡蛋清、湿淀粉各适量，用手抓匀 **关键点**：糊的厚度要适宜 3. 炸肉松：炒勺置中火上，加入花生油烧至 120 ℃时，把挂好糊的肉条逐一入油锅内，用手勺拨散，炸至发酥，呈金黄色时捞出，即成肉松 **关键点**：掌握好油温，肉松要炸酥 4. 烩制成菜：汤勺内放入清汤、酱油、精盐、料酒，烧沸后用湿淀粉勾芡，加味精，淋入花椒油，放入炸好的肉松，倒在大碗内即成 **关键点**：肉松下勺必须在汤汁做成后。放入过早，肉松回软，失去应有的质感		
成品特点	肉松软嫩，汤色红，多用于饭菜	
举一反三	用此方法将主料变化后还可以制作"烩鱿鱼丝""什锦海参""烩鸽蛋""烩蹄筋"等菜肴	

五、炝锅烩

炝锅烩是将原料先炝锅炒制，再加汤烩制成菜的烹调方法，一般需要勾芡。

炝锅烩的工艺流程

原料初加工 → 刀工处理 → 上浆滑油 → 炝锅炒制 → 加高汤烩制 → 装盘成菜

炝锅烩菜肴的特点：色泽光亮，软嫩或滑爽，咸鲜适口。

实例　捶烩鸡片

据《齐民要术》记载，北魏时期，黄河中下游地区有一款非常讲究、美味的菜肴——"白脯"，做法是用牛、羊、鹿等的精肉切成片，放在冷水中浸泡至没有血水后，再加盐水、花椒末浸泡两夜，取出阴干，半干半湿时，用木棍轻轻捶打，让肉结实成为"白脯"，其味道咸鲜香辣，十分可口。此种捶打做法，直到唐代仍然沿用。"白脯"后来失传，但胶东却有了"捶烩鸡片"。

与"白脯"不同的是，"捶烩鸡片"要在烹制前用木槌敲打，目的是把鸡肉捶松软，以便调和时入味，食客咀嚼时更省力。民国时期，烟台名店"东坡楼"制作此类菜肴最为有名，"捶烩鸡片"是该店的看家菜之一。

菜品名称		捶烩鸡片
原料	主料	鸡脯肉 300 克
	调辅料	火腿片 50 克，水发玉兰片 50 克，香菇片 50 克，葱姜末 10 克，精盐 5 克，鸡油 30 克，味精 2 克，料酒 15 克，猪油 50 克，胡椒粉 2 克，淀粉 15 克，高汤 500 克，葱油 20 克
工艺流程		1. 原料初加工及切配：将鸡脯肉片成 0.3 厘米厚的大片，再改切成小片，撒上干淀粉，逐片用木槌捶成薄皮 **关键点**：鸡脯肉捶成薄皮，保持外形完整 2. 滑油：将捶好的鸡脯肉放入到 90 ℃的油锅内滑出。将玉兰片、香菇片用开水焯一下，捞出控净水分 **关键点**：滑油时保持鸡脯肉色泽洁白 3. 烩制成菜：锅内放猪油烧热，加入葱姜末煸炒，再放入玉兰片、香菇片稍炒，放入高汤、料酒、精盐、味精、火腿片烧沸，用湿淀粉勾芡，再放入鸡片推匀，淋上鸡油和葱油，撒上胡椒粉，盛入汤碗内即可 **关键点**：烩制时间不要太长，锅开时加入鸡片，以免鸡片破碎
成品特点		洁白光亮，软嫩滑爽，咸鲜适口，回味无穷
举一反三		用此方法将主料变化后还可以制作"豆苗烩肉丸""鸽蛋烩菜心""蛋皮烩肉丝""鸡片烩海参"等菜肴

第四节 氽

氽是将新鲜质嫩、刀工精细的小型原料，放入到沸汤或沸水锅内，一滚即成的烹调方法。氽制原料多加工成片、丝、条或制成的丸子。适合氽制的原料极为广泛，有各种肉类、菌类，以及时鲜蔬菜等。氽有清氽和混氽两种方法。

氽的工艺流程

原料初加工 → 切配 → 氽制 → 调制入味 → 装盘成菜

氽制菜肴的特点：汤宽清鲜，滋味醇和，质嫩爽口，不勾芡。

学习目标

用氽的方法制作菜肴，如"清氽丸子""海参一锅鲜"等。

关键工艺环节

氽制。

关键工艺环节指导

1. 氽制的方法

氽制时要掌握好汤汁用量、火力、色泽及调味方法。

汤汁	用清汤或清水，混汆用白汤	汆菜主要是品汤，成菜汤要宽要多，不勾芡
火力	先用中火，再用旺火	加热时间不要过长，汤汁一滚即成
色泽	清汆汤色清澈见底，混汆汤色乳白	以本色为主，不加任何有色调味品
调味	汤要鲜，味一定要浓	以原料本味和高汤鲜味为主，一般不加其他提鲜调味品

2.汆制的技巧

（1）片、丝、条状的原料在汆汤时，以入沸汤锅为佳，汤开时分散下入并用筷子慢慢拨开。待汤再开时，将其捞出，放入碗中，而后撇去浮沫，将汤浇入碗中。

（2）鲜嫩的植物性原料，如生菜、黄瓜等，洗净消毒切配后，可直接入碗用汤浇制。

（3）茸泥制成的丸子，以投入冷温汤中并在文火上汆制为好。这样可以使原料定型不散。在汆制丸子的过程中，汤升温的速度要稳定，待丸子全部入锅定型后，再上旺火调味，汤开后撇去浮沫，待丸子成熟后，出锅装入汤碗中，淋入明油即可。

一、清汆

清汆是汤色清澈见底，以本色为主的汆制方法。清汆以清汤制作为佳，味鲜香。

清汆的工艺流程

原料初加工 → 剁泥 → 搅制 → 挤丸 → 汆制 → 调制入味 → 装盘成菜

清汆菜肴的特点：汤宽爽口，质地细腻、软嫩、滑爽，口味鲜咸、清香。

实例　清汆丸子

"清汆丸子"又名"爽口丸子"，其汤汁爽口，丸子质地细腻，鲜香滑嫩，口感适宜，是鲁菜传统宴席汤菜之一。汆在宋代有"汆小鸡""汆香螺"等，元代有"汆肉羹""青虾卷汆"等，明清时有"生汆牛""汆猪肉"等，并有了以肉制成丸子后

汆制的记载，如"汆龙子"（汆丸子）"汆鱼圆"等。

菜品名称		清汆丸子
原料	主料	猪瘦肉 200 克
	调辅料	水发木耳 5 克，青菜心 50 克，湿淀粉 25 克，料酒 5 克，葱姜末 4 克，味精 1 克，鸡蛋清 1 个，清汤 500 克，精盐 5 克
工艺流程		1. 原料初加工及切配：将猪肉剁成细泥（越细越好）。青菜心切成 3 厘米长的段。葱姜末放入碗内，加入 50 克清水，兑成葱姜汁 **关键点**：猪肉剁得越细越好。肉泥中不能有筋膜，否则丸子不够软嫩 2. 制馅：将肉泥放入小盆内，加入鸡蛋清抓匀，倒入 1/2 葱姜汁，按顺时针方向不停地搅拌，至肉泥变稠上劲时加入湿淀粉，倒入剩余葱姜汁的 1/2，继续搅拌至再次变稠上劲时，再倒入剩余所有的葱姜汁，继续搅拌至肉泥变稠，然后加入精盐搅匀上劲，至此肉馅搅制完毕 **关键点**：加入葱姜汁的量要适宜，而且要分次加入。一般情况下，肉泥与葱姜汁的加入量为每 500 克肉泥加葱姜汁 200 克为宜。搅制肉泥时要按一个方向进行，不可不同方向搅动，否则肉泥不易上劲，制成的丸子弹性差，汆制时易破碎。加入精盐的量，以丸子下锅后能立即浮起为宜 3. 挤丸下锅：炒勺内放入清汤，用旺火烧沸后，把炒勺移至中火上，将肉馅挤成直径为 1.5 厘米大小的丸子，逐个下入勺中 **关键点**：丸子大小要均匀。锅中汤汁不能开，保证丸子定型不破碎 4. 汆制成菜：烧沸后撇去浮沫，加入焯过水的青菜心、木耳，再撇去浮沫，加入精盐、料酒、味精调好口味即可 **关键点**：挤丸子的速度要快，待丸子全部下锅后，水（或汤）滚开，丸子全部浮起时，撇去浮沫，出锅即可。不可长时间煮，否则丸子变老，失去嫩性。汆制时也可用凉水下锅，待丸子全部浮起，锅开时撇去浮沫出锅即可
成品特点		肉丸在清汤中汆成，汤清味鲜，丸子洁白、有弹性、鲜嫩滑爽
举一反三		用此方法将主料变化后还可以制作"汆鱼脯丸子""清汆鸡丸""清汆虾丸""汆鱼片""汆西施舌""清汆黄管"（黄管打蜈蚣花刀，用清汤汆制）等菜肴

二、混汆

混汆（包括奶汤汆）是以汤色乳白为主的汆制方法，其用料多样，味浓鲜。

混汆的工艺流程

原料初加工 → 切配 → 汆制 → 调制入味 → 装盘成菜

混汆菜肴的特点：质感或软嫩或滑嫩，汤鲜味美，味可酸辣，可咸鲜。

实例 海参一锅鲜

　　"海参一锅鲜"是一道营养丰富的滋补菜品，尤其适合老年人食用。此菜制作简单，用料丰富，海参鲜软，丸子嫩滑，口味鲜咸香酸辣，入口即化，羊、鱼互补，合二为一，为之鲜，故名"一锅鲜"。

菜品名称		海参一锅鲜
原料	主料	水发海参200克
	调辅料	嫩羊肉馅200克，净鱼肉泥200克，猪肥肉泥100克，南荠末50克，香葱末20克，鸡蛋2个，精盐5克，味精2克，料酒10克，葱姜汁20克，花椒水20克，香菜末5克，香油5克，醋10克，胡椒粉3克，清汤500克，湿淀粉10克
工艺流程		1. 原料初加工及切配：将海参去肠洗净，切成斜片，放入沸水中焯出。将羊肉馅、南荠末、香葱末、花椒水、精盐、味精、湿淀粉、鸡蛋1个放入干净的盆中，顺一个方向搅匀。将鱼肉泥、猪肥肉泥、葱姜汁、精盐、味精、湿淀粉、鸡蛋1个放入另一盆中，顺一个方向搅匀 **关键点**：搅制时要顺一个方向搅动，以保证肉泥上劲、吃水量足 2. 制丸汆制：锅内放入清汤，分别将羊肉馅、鱼肉馅制成直径2厘米大小的丸子，烧沸后撇去浮沫，汆制熟透，再放入海参片、醋、精盐、味精、胡椒粉，调正口味，淋上香油，撒入香菜末，盛入汤碗即成 **关键点**：挤丸子要大小均匀，汆制时间不宜过长，以汤沸为宜
成品特点		海参软嫩，肉丸滑嫩，汤鲜味美，酸辣咸鲜
举一反三		用此方法将主料变化后还可以制作"山东海参"（用海参、猪瘦肉、水发海米、鸡蛋皮、清汤、料酒、香菜、葱丝、醋、酱油、胡椒粉、精盐、香油等一起汆制）等菜肴

第五节　涮

　　涮是指用火锅将调制好味的卤汁或特制的清汤、奶汤、鲜汤烧沸，再将各种主辅料烫至刚熟，随即蘸上调味品或直接食用的一种烹调方法。涮制原料十分广泛，几乎所有的动植物原料及其加工制品，均可用于涮制。

涮的工艺流程

原料初加工 → 切配 → 配制调料 → 涮制食用

　　涮制菜肴的特点：主辅料多样，鲜香细嫩，汤鲜味美，热度较高，边涮边吃，可由食者根据爱好和口味，自行调味并掌握涮制的时间。

学习目标

　　用涮的方法制作菜肴，如"涮羊肉"等。

关键工艺环节

　　涮制。

关键工艺环节指导

　　涮制火锅的种类不同，其涮制的方法也不同。

卤汁火锅	卤汁火锅首先要烹调好火锅卤汁，然后再将各种主辅料放入卤汁，边烫边食	这类火锅具有原料多样，各味协调，汤鲜味浓，质感多样的特点，如"什锦火锅"
涮肉火锅	用火锅将鲜汤或水烧沸，把切成薄片的主料放入沸汤，烫至断生刚熟，随即蘸上调味品食用	这类火锅具有料精肉薄，调料多样，鲜嫩醇香的特点，如"涮羊肉"
清／奶汤火锅	首先要制作好清汤或奶汤，调制好汤味后，再将各种生片、时令蔬菜等放入，边烫边食	这类火锅具有原料精细，质嫩清香，汤鲜醇厚的特点
原汤火锅	原汤火锅是指将初步熟处理、切配后的主辅料有顺序地排列装入火锅后，放入调味品，加入鲜汤烧沸出味，垫托盘上食用的火锅	这类火锅具有原料多样，汤宽菜热，原汁原味，鲜香醇厚的特点，最适宜秋、冬季食用

实例　涮羊肉

传说"涮羊肉"始于元代，当年元世祖忽必烈统帅大军南下远征。一日，人困马乏、饥肠辘辘，他猛然想起家乡的"清炖羊肉"，于是盼咐部下杀羊烧火。正当伙夫宰羊割肉时，探马飞奔进帐报告敌军逼近，饥饿难忍的忽必烈一心等着吃羊肉，他一面下令部队开拔，一面喊"羊肉！羊肉"！厨师知道他性情暴躁，于是急中生智，飞刀切下羊肉薄肉，放在沸水里搅拌几下，待肉色一变，马上捞入碗中，撒入细盐。忽必烈连吃几碗后上马率军迎敌，结果旗开得胜。

在筹办庆功酒宴时，忽必烈特别点了那道羊肉片。厨师选了绵羊嫩肉，切成薄片，再配上各种佐料，将帅们吃后赞不绝口。忽必烈将此菜命名为"涮羊肉"。从此"涮羊肉"就成了宫廷佳肴。

据说直到清光绪年间，北京东来顺羊肉馆的老掌柜通过宫中太监偷出了"涮羊肉"的佐料配方，"涮羊肉"才得以在菜馆中出售。羊肉是助元阳、补精血、疗肺虚、益劳损、暖中胃之佳品，也是一种优良的温补强壮剂。

菜品名称		涮羊肉
原料	主料	羊腿肉（或五花肉）750克
	调辅料	粉丝250克，白菜（或菠菜）250克，清汤1 000克，芝麻酱100克，精盐20克，味精5克，料酒50克，酱油50克，醋50克，葱花25克，姜末25克，辣椒油50克，香菜末50克，卤虾油50克，韭菜花酱50克，糖蒜3头，豆腐乳15克
工艺流程		1. 原料初加工及切配：将羊肉洗净，去骨去皮，剔除板筋，切成10厘米长、2厘米宽的薄片，每150克装一盘待用 **关键点：**羊肉片切得越薄越好。操作时，可将羊肉先放入冰箱内冷冻一下再切，但不能冻得过于结实，以免切不动 2. 配制调料：将芝麻酱、精盐、味精、料酒、酱油、醋、葱花、姜末、辣椒油、香菜末、卤虾油、韭菜花酱、豆腐乳、糖蒜等调料分别装入小碟内 **关键点：**调味料配备要齐全，而且调料味要浓一些 3. 涮制：汤锅内加入清汤，用木炭火加热烧开，将少量羊肉片放入锅中煮烫2～3分钟，待肉呈灰白色时即可捞出，蘸配好的调料食用。随烫随吃，肉吃完后，将粉丝、白菜放入锅中煮熟后，连菜带汤一起食用即可 **关键点：**涮汤要用清汤和鲜汤，以提高涮羊肉的质量
成品特点		羊肉香嫩，烫热味鲜，别有风味，尤其适宜冬季食用
举一反三		此菜制作时可加入羊肚、羊血、羊脑等，其味更浓，更有风味。"海鲜火锅""什锦火锅""银鱼火锅"等均由此方法制作而成

第八章

制作煎、贴、㸆、熘类菜肴

学习目标

1. 了解煎、贴、㸆、熘的工艺流程及特点
2. 掌握煎、贴、㸆、熘类菜肴的制作方法及要领
3. 学会用煎、贴、㸆、熘的方法制作各种菜品

第一节　煎

煎是将加工好的原料放入油锅中，用小火加热至金黄，再加入其他配料和调味品加热至熟成菜的烹调方法。煎在传统方法中可分为干煎、南煎、糟煎、煎转、煎蒸、煎烹、煎瓤等。

煎的工艺流程

原料初加工 → 切配 → 腌渍入味 → 煎制 → 装盘

煎制菜肴的特点：色泽金黄，外酥脆，内鲜嫩。

学习目标

用煎的方法制作菜肴，如"干煎黄花鱼""南煎丸子""糟煎鱼片""煎转鲤鱼"等。

关键工艺环节

煎制。

一、干煎

干煎是指将原料加工成片或加工成茸泥后制成圆饼状，经腌制调味，拍粉、挂糊或直接放入油锅中煎至两面金黄，定型成菜的烹调方法。干煎不加汤汁，是最基本的

煎制方法，适用于动物性原料。

干煎的工艺流程

原料初加工 → 切配 → 腌渍入味 → 煎制 → 装盘

干煎菜肴的特点：色泽金黄，外香酥，里软嫩，无汤汁。

关键工艺环节指导

1. 干煎的方法

干煎的方法有两种：

将原料加工成片或加工成茸泥后制成圆饼状，直接下油锅煎制	用油量多于炒而少于炸，油面不没过原料的顶面，油温不超过 180 ℃	煎时要保持火力小而稳定，使原料两面成熟度一致，色泽一致，一般煎至金黄色，不加汤汁
将原料调制入味后，拍粉或挂糊再入油锅煎制		

2. 干煎的技巧

（1）宜选用质地鲜嫩的动物性原料，成型以片状或加工成茸泥再制成扁饼状，也可直接采用小型的烹饪原料。

（2）原料一般要腌渍入味，可进行基础调味。

（3）制馅原料比例要适当，搅拌要均匀，煎制时才不会松散，食用时才不会发艮。

（4）原料可直接拍粉或拍粉托蛋、挂糊后入锅中煎制。

（5）煎制时炒锅必须先烧热，再用凉油涮一下，然后入油和主料，并不断晃勺，这样才不会糊锅。

（6）煎制时油量要适宜，要根据原料性质掌握好火候。一面煎制定型、上色后，再煎制另一面。

实例 干煎黄花鱼

"煎"在古文献中有多种含义，常指熬、煮、烧等法。至北魏《齐民要术》记载，煎开始成为独立的烹调技法，如"鸡鸭子饼""煎鱼肉饼"。南宋的《山家清供》中出现了挂糊煎，如"酥黄独"。元代出现了瓤煎，如"七宝卷煎饼"。明代称为藏煎。清代出现了酥煎、香煎等法。"干煎黄花鱼"选用小黄花鱼为原料，用干煎法精制而成，色泽金黄，外香酥、里软嫩，具有浓郁的鱼香味。

菜品名称		干煎黄花鱼
原料	主料	黄花鱼1条（约500克）
	调辅料	鸡蛋1个，料酒5克，精盐2克，葱姜末5克，味精1克，精粉15克，猪油75克（约耗35克）
工艺流程		1.原料初加工及切配：将黄花鱼刮去鱼鳞，去掉鱼鳃，取出内脏，冲洗干净，两面剞上斜的直刀纹 **关键点：**择洗干净，刀纹要一致 2.腌渍入味：将精盐、味精、料酒、葱姜末混合后，用竹签抹入鱼的刀口内及周身，腌渍入味 **关键点：**鱼要事先腌渍入味，以使菜品味透及里 3.调制蛋糊：鸡蛋打入碗内，加精粉调匀成糊 **关键点：**挂糊要均匀，不使鱼外露，以免影响外观 4.挂糊煎制：炒勺放微火上烧热，放入猪油，布匀勺底，把鱼在鸡蛋糊内拖一下，放入勺内，煎至两面呈金黄色熟透时，盛入盘内即成 **关键点：**煎制时锅要烧热，并用好油，以免鸡蛋糊糊锅底。要用小火煎制，并不断晃勺，以防煎煳
成品特点		色泽金黄，外香酥、里软嫩，具有浓郁的鱼香味
举一反三		煎瓤的菜品，如"干煎茄盒""耦盒""土豆盒"等，其制作方法是将剁好的肉泥，调好味后瓤入两片茄片（藕片、土豆片）当中，再挂上鸡蛋糊入油锅慢火煎至金黄色即可

二、南煎

南煎也称煎烧，是将主料煎熟，再加入高汤、调料等，烧至酥烂的煎制方法。其

关键环节与干煎基本相同，只是原料煎至两面金黄后，需要加入汤汁烧制。

南煎的工艺流程

原料成型 → 调制入味 → 煎至金黄 → 加汤烧制 → 收汁装盘

南煎菜肴的特点：煎烧过程中汤汁较多，成品色泽红润或金黄光亮，原料酥烂或软嫩。

实例 南煎丸子

"南煎丸子"源自河北省的南奇村，曾是一道直隶官府菜。据传，袁世凯任直隶总督时，在官府的宴席中为避讳袁字，将圆形的丸子做成了扁形的棋子状，取名为"南煎丸子"。这道菜属于一个创新的菜系——五方菜。所谓五方菜，是指集中了东南西北中五方菜系、百家之长的一个新菜系。鲁菜厨师对"南煎丸子"进行改良，使其融入鲁菜系列并广泛流传。"南煎丸子"成菜色泽金黄光亮，味道咸中带甜，软嫩酥烂。

菜品名称		南煎丸子
原料	主料	猪肥瘦肉 250 克
	调辅料	笋片、水发木耳、青菜、水发海米各 10 克，精盐 2 克，酱油 10 克，料酒 10 克，味精 1 克，白糖 50 克，清汤 200 克，鸡蛋清 2 个，湿淀粉 30 克，葱末 5 克，姜末 2 克，花椒油 10 克，猪油 60 克
工艺流程		1.原料初加工及切配：将猪肥瘦肉切成 0.3 厘米见方的小丁，放入碗内，加入精盐、料酒、酱油、葱末、姜末拌匀，再放入鸡蛋清、湿淀粉搅匀成馅 **关键点：**猪肥瘦肉要切成小丁，不要剁成泥，以保证成品烧制后酥烂的特点 2.挤丸煎制：炒锅置小火上，放入猪油烧至 60 ℃时，将锅离开火眼，把肉馅挤成直径为 2 厘米的丸子，逐个下入锅内，在小火上煎至五成熟时，将丸子全部翻过来，用手铲压扁继续煎至八成熟时，将油滗出，丸子拖入盘中

续表

菜品名称	南煎丸子
工艺流程	**关键点**：丸子成型要均匀，不可过大，也不可过小，以直径2厘米为宜。煎制时火力要小，慢慢煎至两面金黄，即可加汤烧制 3.烧制成菜：锅重新置火上，加适量油，用葱末、姜末爆锅，放入笋片、木耳、青菜、海米煸炒，加入清汤、酱油、白糖烧开，放入煎好的丸子，至汤剩余1/3时，放入料酒、味精、湿淀粉轻轻颠匀，淋入花椒油，装入盘内即成 **关键点**：翻勺时不能使丸子散开，要使其保持外形整齐美观。加汤量不要过多或过少，以汤汁刚没过丸子为宜。芡汁量及稠度要适宜，以芡汁紧裹丸子，有光亮为宜
成品特点	呈扁圆形，色泽金黄光亮，味道咸中带甜，软嫩酥烂
举一反三	此方法主要用于动物性原料的菜品制作，如"煎烧鲳鱼""煎烧带鱼""煎烧黄花鱼"等菜肴

三、糟煎

糟煎是在煎的过程中加入糟汁进行调味的一种烹调方法。

糟煎的工艺流程

原料成型 → 调制入味 → 煎至金黄 → 加糟汁烧制 → 收汁装盘

糟煎菜肴的特点：金黄光亮，原料酥烂或软嫩，糟香味浓郁。

关键工艺环节指导

糟煎要兑制好糟卤。糟卤的制作方法如下：

原料	制作方法
香糟50克，清汤1 000克，精盐10克，葱、姜各25克，料酒10克，味精2克	先将清汤倒入锅内，加盐、葱、姜（拍松），煮到滚开后，端锅离火眼晾凉。然后，把汤缓缓加入香糟中，并将汤和香糟轻搅均匀。用洁净纱布袋一只，把糟汁倒入布袋中并悬空吊起，其下放置接取糟卤的容器，让布袋里的糟汁自然滴出。最后在滴下的糟卤中加入料酒、味精，调拌均匀即成 **关键点**：用纱布过滤之前要将汤和香糟搅拌均匀，注意卫生

实例　糟煎鱼片

"糟煎鱼片"是在煎的基础上加入香糟汁制作而成。菜肴色白油亮，质地软嫩，味微甜，带有浓郁的糟香味，食之淡雅利口，为食客津津乐道。

菜品名称	糟煎鱼片	
原料	主料	净黑鱼肉 200 克
	调辅料	冬笋 30 克，青菜心 30 克，香糟 10 克，精盐 2 克，清汤 300 克，料酒 5 克，味精 1 克，湿淀粉 20 克，葱末、姜末、蒜末共 10 克，葱油 10 克，猪油 50 克
工艺流程		1. 原料初加工及切配：将鱼肉切成长 5 厘米、宽 3 厘米的斜刀片。冬笋切成与鱼片同样大小的片。青菜心根部劈成瓣，切成长 5 厘米的段。以上原料分别用开水焯过 **关键点**：原料成型要整齐均匀，大小一致 2. 调制香糟汁：香糟用 60 克清水泡开，用净纱布过滤，拧出成香糟汁 **关键点**：用纱布过滤之前要将汤和香糟搅拌均匀，注意卫生 3. 煎制成菜：炒锅内放入猪油，在中火上烧至 120 ℃时，加入葱末、姜末、蒜末炒出香味，随即倒入 1/2 量的香糟汁，再放入鱼片、冬笋、精盐、料酒、清汤，烧沸后撇去浮沫，移至小火上慢慢烧制，待汤汁剩一半时，放入菜心及剩余的香糟汁，用湿淀粉勾芡，加味精，淋入葱油，颠翻均匀出锅即可 **关键点**：煎制鱼片时动作要轻，以免其破碎，并不断晃勺，防止粘锅底。烧制时要用小火慢慢加热，使之入味。芡汁要稀而少，保持明油亮芡
成品特点		色白油亮，鱼片滑嫩，糟香味浓
举一反三		用此方法将主料变化后还可以制作"糟煎茭白""糟煎大肠""糟煎鸡片""糟煎肚片""糟煎黄花鱼"等菜肴

四、煎转

煎转是将主料煎后加调料、辅料，再用慢火煎熟的煎制方法。煎转与煎烧基本相同，但煎转收汁后汤汁较多，不用勾芡。

煎转的工艺流程

原料成型 → 调制入味 → 煎至金黄 → 烧制 → 收汁装盘

煎转菜肴的特点：色泽乳白，汤汁味浓，鱼肉鲜美，质地软嫩。

实例 煎转鲤鱼

"煎转"是鲁菜独特的烹调技法之一，制作方法是先将原料煎过，再加入调味品煨炖，使菜肴色泽乳白，汤汁味浓，鱼肉鲜美，质地软嫩。

菜品名称		煎转鲤鱼
原料	主料	鲜鲤鱼 1 条（约 600 克）
	调辅料	火腿 20 克，冬笋 2 克，嫩菜心 2 棵，猪油 100 克，料酒 30 克，味精 2 克，精盐 5 克，葱、姜、蒜共 10 克，八角 2 克，清汤 500 克
工艺流程		1. 原料初加工及切配：把鱼洗净，去鳞、鳃、内脏，在鱼身两面每隔 2 厘米剞上一字刀纹。火腿切成长 5 厘米、宽 2 厘米的片，冬笋切片，葱、姜、蒜切片，菜心一切两半 **关键点**：原料成型要整齐美观 2. 煎制及烧制：炒锅内放入猪油，烧至 200 ℃时，将鱼放入锅内，两面稍煎，放入葱、姜、蒜、八角稍炸，随即放入清汤，用旺火烧开，然后用微火熬制 20 分钟左右 **关键点**：煎制时的火候不要太大，更不要煎过头，以煎至两面发白为度。加入汤汁后要用旺火烧开，再用微火慢慢熬至汤汁发白时即可 3. 调味成菜：待汤剩 2/3 且呈白色时，再放入冬笋、火腿、菜心、精盐、味精，烧沸后倒入汤碗内即可 **关键点**：成菜汤汁量要没过鱼体，不勾芡
成品特点		鱼肉鲜嫩，汤汁乳白，味醇厚
举一反三		用此方法将主料变化后还可以制作"煎转茄盒""煎转豆腐盒""煎转鱼盒"等菜肴

第二节 贴

贴是指将几种原料黏合在一起，放在锅中煎至一面金黄，另一面保持软嫩的烹调方法。由于只煎一面，所以在加热过程中，往往需要加汤水，加盖进行焖制，使之成熟。一般适用于鸡肉、鱼虾、猪肉、豆腐等原料。

贴的工艺流程

选料切配 → 黏合成型 → 贴制装盘

贴制菜肴的特点：色形美观，菜肴底面油润酥香，表面鲜香细腻。

学习目标

用贴的方法制作菜肴，如"锅贴鱼"等。

关键工艺环节

贴制。

关键工艺环节指导

贴制的方法：

选料切配	贴制垫底的原料以熟猪肥膘与面包片为主，根据菜肴的需要，用模具按压成型。贴制表面的主料有两种处理方式：一种是选新鲜细嫩、受热易熟的肉类、鱼虾等原料，先片成与底片相同或相等的厚片，用精盐、味精码味，拌制适量的蛋清淀粉糊备用。另一种是将以上主料制成色白细腻、滋味鲜香的各种肉泥。辅料主要有火腿、荸荠、冬笋、金沟等，均切成指甲片或米粒大小的形状
黏合成型	若需猪肥肉膘垫底，要先在猪肥肉膘片的四角及中部划一些刀纹，防止贴锅时卷缩，再蘸干面粉，抹上蛋清淀粉，先放上火腿、荸荠等辅料，再抹上蛋清淀粉，将挂好糊的肉片贴上或将制好的肉泥堆抹成型，再逐一摆上修饰性图案，即成贴制的半成品。若用面包片垫底，抹上蛋清淀粉后，其余做法与肥肉片垫底的相同
贴制成熟	先将专用煎锅洗净置小火上，放入少量食用油晃动煎锅，使油布满锅底，逐一将半成品在干细淀粉上拖一下，有顺序地排列在锅内，用小火将底部煎至酥脆呈金黄色，表面受热至刚熟起锅。将有形状的成品装在盘的一端，另一端配制相宜的生菜后上桌

实例 锅贴鱼

"锅贴鱼"是以鲤鱼为主要原料，用鲁菜独特的贴制技法制作而成的家常菜肴。成菜色泽金黄、外酥里嫩，脍炙人口，食用时配以椒盐，味咸、麻、鲜、香。

菜品名称		锅贴鱼
原料	主料	大黄鱼1 200克，虾胶150克，猪肥肉膘250克
	调辅料	料酒15克，精盐5克，味精4克，蛋清淀粉50克，胡椒粉2克，香油10克，干细淀粉50克，花生油100克
工艺流程		1. 原料初加工及切配：将大黄鱼洗净，片成长约5厘米、宽3.5厘米、厚0.3厘米的片，放入盘内，加入料酒10克、味精3克、胡椒粉1克拌匀入味 **关键点**：原料成型要整齐均匀，鱼片腌渍入味要均匀

续表

菜品名称	锅贴鱼
工艺流程	2.制馅：熟猪肥肉膘片成与鱼片相同的片，用刀戳一下，防止其受热卷缩。用虾胶、料酒5克、精盐3克、胡椒粉1克、味精1克、蛋清淀粉30克拌匀成虾馅 **关键点：**用肥肉膘垫底，并在肥肉膘上剞上刀纹，以防加热时卷缩 3.成型：在肥肉膘片上均匀撒少许干细淀粉，将虾馅均匀地抹在猪肥肉膘上，厚约0.5厘米。将鱼片放在虾馅上，使其肥肉膘、虾馅、鱼片三者大小相等，再在鱼片上抹上蛋清淀粉少许，制成锅贴鱼片生坯 **关键点：**肥肉膘与鱼片的大小要一致，使其形状整齐美观 4.贴制成菜：将煎锅洗净置中火上，放花生油烧热至90℃，将锅贴鱼片生坯底面（肥膘肉片一面）在干淀粉上粘匀，逐一放入锅内煎至底面酥黄。煎制时要不时地转动煎锅，以使其受热均匀。待鱼肉、虾馅已熟时，滗去余油，淋上香油，整齐地摆入盘内即可 **关键点：**煎制时火力不要过大，并不断转动煎锅，使鱼片受热均匀。装盘时要将锅贴鱼改刀，以便食用
成品特点	色泽杏黄，鲜嫩肥香，酥松不腻
举一反三	用此方法将主料变化后还可以制作"锅贴鸡""锅贴虾""锅贴豆腐""煎贴鲤鱼"等菜肴

第三节　塌

塌是将加工切配的原料挂糊后，放入锅内煎至两面金黄起酥，再加入调味品和适量的鲜汤，用小火收浓汤汁或勾芡淋明油成菜的烹调方法。塌和煎的相同之处是原料都要用油煎，使之两面金黄，不同之处是此法操作时多了后面塌制入味的工序。此法适用于猪肉、鱼虾、鸡肉、豆腐及部分青菜。

塌的工艺流程

选料切配 → 入味 → 挂糊或拍粉拖蛋 → 煎制两面金黄 → 加汤塌制

塌制菜肴的特点：色泽金黄，质地酥嫩，滋味醇厚。

学习目标

用塌的方法制作菜肴，如“锅塌豆腐盒”等。

关键工艺环节

塌制。

关键工艺环节指导

塌制时要掌握好火力、加汤量、味型及色泽。

火力	煎制过程中，要用旺火定型，中火煎炸，旺火吐油	在煽制过程中旺火调汁，中火煽汁，旺火收汁
汤汁	加汤量一般以不没过原料为宜	煽制时要使汤汁渗入主料，形成自来芡。是否勾芡，要视其收浓汤汁还是收干汤汁而定
味型	传统方法的锅煽多为咸鲜味型	现派生出多种味型，如红油煽锅、甜酸煽锅等
色泽	煎至两面金黄并起酥时才能加汤煽制	成品色泽金黄

实例 锅煽豆腐盒

"煽"又称锅煽，起源于山东，明代即有记载。"锅煽豆腐盒"是在"锅豆腐"的基础上改用夹馅心的方法制作而成。以豆腐为主料，以虾仁剁泥为馅心，豆腐在外，虾泥在内，制成盒状，然后挂鸡蛋糊，用油煎至两面金黄，再浇以汤汁煽煎，成菜鲜嫩，食之回味无穷。

菜品名称		锅煽豆腐盒
原料	主料	豆腐300克
	调辅料	鲜虾仁50克，鸡蛋2个，葱姜末20克，料酒10克，酱油15克，精盐3克，味精2克，湿淀粉50克，花椒油10克，高汤100克，猪油50克
工艺流程		1. 原料初加工及切配：将豆腐切成长5厘米、宽2厘米、厚1厘米的长方片，虾仁剁成茸。碗内加鸡蛋清搅至起泡，再加入精盐、湿淀粉、料酒、味精和虾茸搅匀成馅
		关键点：豆腐成型要均匀一致，虾馅调制要均匀
		2. 制作豆腐盒：先在盘内摆一层豆腐片，均匀地抹上虾馅，将另一半豆腐片盖在虾馅上，制成6～18个豆腐盒，上笼蒸15分钟取出，沥净水分
		关键点：虾馅要抹均匀

续表

菜品名称	锅㸆豆腐盒
工艺流程	3.挂糊㸆制：将鸡蛋黄、料酒、味精、精盐、湿淀粉放入碗内搅成蛋黄糊，将豆腐盒挂匀蛋糊整齐地摆在大盘内。用高汤、精盐、酱油、料酒、味精兑成汁待用。锅内加入猪油烧热晃匀，把豆腐盒完整地推入锅内，煎至两面金黄时，放入葱姜末，倒入兑好的汁，用大盘盖住，焖至汁尽，翻扣在盘内即成 　　**关键点：**豆腐盒挂糊要均匀，下锅煎制前锅要用油滑好，要用小火煎制，以防煎煳。加入的汤汁要收尽，成型要完整
成品特点	成菜色泽金黄，味咸鲜，豆腐盒软嫩，清香醇厚
举一反三	用此方法将主料变化后还可以制作"锅㸆三鲜菜盒""锅㸆鱼盒""锅㸆肉片""锅㸆鱼""锅㸆鱼饼""锅㸆菜卷""锅㸆海鲜盒"等菜肴

第四节　燣

　　燣是将原料加工成型后，经过油炸、水煮或煸炒等熟处理方法，再加入汤汁、配料、调味品，用大火烧开，再用小火加热，将汤汁收浓成菜的一种烹调方法。热菜用燣的方法，其口味要求吃口咸鲜，收口略带甜酸。冷菜用燣的方法，其口味是吃口甜酸，收口微带咸鲜。根据燣的第一道工序，即初步熟处理方法的不同，燣可分为蒸燣、煮燣、炸燣、煎燣等。根据制作方法与调味的不同，燣又可分为干燣、乳燣、奶燣、酱燣等。

燣的工艺流程

原料成型 → 初步熟处理 → 加汤燣制 → 收汁成菜

　　燣制菜肴的特点：汤汁少而稠浓，色泽红亮，原料味透，冷、热食用皆宜。

学习目标

　　用燣的方法制作菜肴，如"燣排骨""燣红果"等。

关键工艺环节

　　燣制。

关键工艺环节指导

　　燣制时要掌握好火力、加汤量及成品色泽。

火力	先旺火，后小火	用旺火烧沸，小火熻制，慢慢将汤汁收浓成菜
汤汁	加汤量以没过原料为宜	菜肴一般不勾芡，而是用小火将汤汁熻至浓稠
色泽	红润光亮	主要利用油的温度及调味品的颜色来实现

实例 熻红果

红果又名山楂、山里红、酸楂，盛产于山东泰沂山区。"熻红果"用红果和白糖熻制而成，色泽红润，甜酸适中，味美可口，营养丰富，是健胃助餐之佳品。红果具有消食和中的作用，可促进消化，对于肉食积滞所致的胃胀满胀痛有效。山楂还具有行气散瘀的功效，可用于产后的恶露不尽、闭经、便血等。此外，山楂还有杀菌、收敛的作用，可治疗痢疾、肠炎引起的腹泻。

菜品名称	熻红果	
原料	主料	大山楂750克
	调辅料	熟芝麻10克，白糖100克，蜂蜜、猪油各50克，桂花酱10克
工艺流程	\1. 原料初加工及切配：将山楂用筷子捅去内核，使其成算盘珠状，放入沸水锅中稍焯，捞出控净水分 **关键点**：山楂要去掉内核，洗涤干净 2. 熻制成菜：炒锅烧热，放入少许猪油，加入白糖，炒至红色时，放入清水200克，倒入山楂烧沸，再用慢火熻至汁浓，放入桂花酱、蜂蜜，淋上猪油，撒上熟芝麻，盛入平盘内即可 **关键点**：熻制时用慢火熻至卤汁稠浓，勿使其粘锅、发焦	
成品特点	色泽红润，酸甜适中，味美可口，营养丰富，醒胃助餐	
举一反三	用此方法将主料变化后还可以制作"熻大虾""酱熻鱼""平锅黄花鱼""熻银杏"等菜肴	

第九章
制作瓤、蒸、烤类菜肴

学习目标

1. 了解瓤、蒸、烤的工艺流程与特点
2. 掌握瓤、蒸、烤类菜肴的制作方法与要领
3. 学会用瓤、蒸、烤的方法制作各种菜品

第一节 瓤

瓤是将配料制成馅装入掏空的主料内，再经炸、煎、烧、蒸或扒熟成菜的烹调方法。

瓤的工艺流程

| 原料初加工 |→| 制馅 |→| 瓤馅 |→| 炸制或蒸制 |→| 浇淋芡汁 |

瓤制菜肴的特点：原料为较大的整体形状，自然美观，一般采用熟后浇汁成菜（有的不浇汁）。

学习目标

用瓤的方法制作菜肴，如"八宝豆腐箱"等。

关键工艺环节

瓤制。

关键工艺环节指导

瓤制的方法有以下几种：

煎瓤	将瓤好的原料用煎的方法制熟	旺火定型，小火煎熟，色泽金黄，成品不勾芡
烧瓤	将瓤好的原料用烧的方法制熟	旺火烧开，中小火烧透入味，旺火收浓汤汁，成品勾稀芡
扒瓤	将瓤好的原料用扒的方法制熟	中火加热，保持原料的完整性，芡汁要明亮

实例　八宝豆腐箱

　　"八宝豆腐箱"是山东淄博地区的传统名菜，相传始于汉淮南王刘安时期，历史悠久。该菜肴选用博山豆腐，博山水质硬，做出的豆腐结实。制作时，将豆腐在油中炸至金黄，从上边横切开，但留一侧相连，形成箱盖。打开盖把豆腐内腔挖出，再将竹笋、里脊、鸡肉、香菇、虾仁、肉馅等镶嵌在豆腐箱内，上笼蒸透，再用少量油、适量高汤，调好味加入配料勾芡，浇到豆腐箱上即可。"八宝豆腐箱"成品外酥里嫩，满口生香，美味绝伦。此菜用锡纸包裹，外面浇上烈酒，上桌时点燃烈酒，浓香四溢，因此还有个好听的名字叫作"水漫金山寺"。

菜品名称		八宝豆腐箱
原料	主料	豆腐 750 克
	调辅料	猪肉 100 克，海参 100 克，火腿 100 克，海米 50 克，水发木耳 50 克，冬笋 20 克，嫩黄瓜 25 克，菜心 10 克，精盐 5 克，酱油 30 克，料酒 10 克，味精 2 克，清汤 150 克，湿淀粉 10 克，葱末、姜末、蒜末各 5 克，砂仁面 5 克，香油 50 克，花生油 1 000 克（约耗 50 克）
工艺流程		1.原料初加工及切配：将豆腐去外层硬皮，切成长 5 厘米，宽、厚各 3 厘米的块，入笼蒸透后，放入 200 ℃的油锅中炸至金黄色捞出。用刀紧贴豆腐块顶面切出箱盖并揭开，挖出豆腐内腔，制成皮硬内空的豆腐箱。再将猪肉、海参、火腿、海米、木耳、冬笋、嫩黄瓜、菜心分别切成碎丁 　　**关键点**：豆腐应先行蒸制，然后再切块炸制定型。馅料大小要整齐均匀 　　2.调制馅料：炒勺置中火上，加入花生油烧热，放入切好的猪肉和配料，然后依次加入精盐、味精、料酒、酱油、葱姜末和清汤，炒至原料成熟后盛入碗内，撒上砂仁面拌匀成馅 　　**关键点**：馅心要调制均匀，咸鲜味适宜 　　3.装箱蒸制：将馅分别装入豆腐箱内，入笼蒸约 5 分钟取出 　　**关键点**：掌握好蒸制的时间 　　4.调汁成菜：将盘内汤汁滤入炒勺内，再加入黄瓜、木耳、精盐、味精、料酒、酱油和适量清汤，烧至汤沸后用湿淀粉勾芡，淋香油搅匀，均匀地浇在豆腐箱上即成

菜品名称	八宝豆腐箱
工艺流程	**关键点：**掌握好芡汁的浓度，以熘芡为宜
成品特点	色泽红亮，形如宝箱，荤素巧妙搭配，味道清香可口
举一反三	用此方法将主料变化后还可以制作"瓤冬瓜""酿海参"（猪肥瘦肉泥酿入海参内，上笼蒸熟，然后浇淋芡汁成菜）"金袋豆腐""布袋鸡""八宝葫芦鸡""扒酿鲫鱼""扒酿西红柿"等菜肴

第二节　蒸

　　蒸是指将经加工切配、调味装盘的原料，利用水蒸气为传热介质，使之成熟或软熟入味成菜的一种烹调方法。蒸的使用范围很广，形整或散、形大或小、流体和半流体、质老不易成熟或质嫩易熟的原料均适用于蒸。蒸表面上看似简单易行，其实是一种技术复杂、要求很高的烹调方法。根据蒸制菜品的具体方法及风味特色，蒸可划分有清蒸、粉蒸、干蒸、包裹蒸、扣蒸、汽锅蒸、加粉汁蒸、酿蒸等多种。

蒸的工艺流程

原料初加工 → 切配 → 入味 → 蒸制 → 浇汁成菜

　　蒸制菜肴的特点：原形不变，原味不失，原汤原汁，味鲜汤清，香气浓郁，清淡不腻。

学习目标

　　用蒸的方法制作菜肴，如"清蒸加吉鱼""粉蒸肉""干蒸鳜鱼""荷叶鸭子""香糟蒸肉"等。

关键工艺环节

　　蒸制。

关键工艺环节指导

无论哪一种蒸制法，其关键在于掌握好火力及原料的摆放层次。

火力	质嫩的原料用旺火沸水速蒸；质老的原料用旺火沸水长时间蒸；糕类制品用中小火沸水慢蒸；成品要求软糯的用微火沸水长时间蒸
摆放层次	原料在蒸屉中摆放时，汤汁少的应放在上面，汤汁多的应放在下面；色泽淡或浅的应放在上面，色泽重或深的应放在下面；不易熟的应放在上面，易熟的应放在下面（因蒸制食物时，上层温度高，原料先熟；下层温度低，原料后熟）

一、清蒸

清蒸是指主料经半成品加工后，加入调味品，加入鲜汤蒸制成菜的烹调方法，适用于蒸制鸡、鸭、鱼、肉类等。

清蒸的工艺流程

原料初加工 → 切配 → 入味 → 蒸制 → 浇汁成菜

清蒸菜肴的特点：保持本色，汤清汁少，质地细腻或软熟，鲜咸淳厚，清淡爽口。

实例　清蒸加吉鱼

"清蒸加吉鱼"原汁原味，鲜嫩爽口，久食不腻，是山东的传统名菜之一，吃时外带姜末、醋碟用以蘸食，口味尤佳。在胶东，吃加吉鱼素有"一鱼两吃"的习惯，以加吉鱼为肴，多以整尾烹制上席，肉尽即将头及骨刺入锅氽汤，味最鲜美，为餐后醒酒之佳品。此种吃法独特，其他菜系甚为少见，可谓食苑中的一朵奇葩。民间流传着"加吉头，巴鱼尾，刀鱼肚皮鲌鱼嘴"的谚语，言海中鱼类，以此四物最美。

菜品名称	清蒸加吉鱼	
原料	主料	加吉鱼1条（约1000克）
	调辅料	熟火腿25克，水发香菇50克，净冬笋50克，鸡汤150克，胡椒粉1克，鸡油5克，葱段10克，精盐3克，姜块10克，味精1克，料酒10克
工艺流程		1.原料初加工及切配：将经初步加工整理的加吉鱼洗净，在其两面剞上柳叶花刀，撒上精盐，放入腰盘内。将熟火腿切成4厘米长的薄片，与香菇间隔摆在鱼身上，冬笋切成柏叶形薄片，镶在鱼两边，加葱段与拍松的姜块，在鱼身上再撒上料酒待蒸 **关键点**：花刀要打得均匀，以美化形状和便于入味成熟。辅料要排列整齐，做到原料颜色搭配合理 2.上笼蒸制：将调好味的鱼放入蒸锅或蒸箱中足汽蒸10分钟，至鱼眼凸出、鱼肉松软时取出，拣出姜块、葱段 **关键点**：蒸制时要旺火足汽蒸至鱼肉松软为度，不要蒸制时间过长 3.浇汁成菜：炒锅置火上，滗入蒸鱼的汤汁，再放入鸡汤，用旺火烧开，加入精盐、味精、鸡油、起锅后将汁浇在鱼身上，撒上胡椒粉即可 **关键点**：芡汁为清汁，不勾芡
成品特点		色泽艳丽，鱼肉肥美细腻，汤汁鲜浓清香
举一反三		清蒸是鲁菜常用的一种方法，此类菜品根据主料的不同还有"清蒸鲈鱼""山东蒸丸""清蒸鳗鱼""清蒸鸡""蒸鱼卷""蒸白菜卷"等

二、粉蒸

粉蒸是指将加工好的原料用炒好的大米粉及其他调味品调拌均匀，上笼蒸至软糯熟香成菜的烹调方法。适用原料主要有鸡、鱼、肉类及根茎、豆类、蔬菜等。

粉蒸的工艺流程

原料初加工 → 切配 → 入味 → 米粉拌制 → 蒸制 → 装盘

粉蒸菜肴的特点：软糯滋润，醇厚香鲜，油而不腻。

实例　粉蒸肉

明朝末年，崇祯皇帝微服南巡到了郑韩，在一次郊游时来到名岭（封后岭），此时天色已晚，加之腹中饥渴，于是便投宿于一姓丁的农家小店。善良的丁氏夫妇非常好客，把家中准备过年才吃的扣碗肉拿出来，经过加工送予崇祯进食，甜中带咸，肥而不腻，回味无穷，崇祯食后大悦。当丁氏夫妇说出这是祖传的"粉蒸肉"时，崇祯更是留恋此菜之味道，对丁氏说道：食之粉肉也，妙哉！来到郑韩城不来封后岭是一大遗憾也！不食丁氏"粉蒸肉"又是一大遗憾也！第二天走时，崇祯告诉他们自己的真实身份，并封丁氏为御厨，并带丁氏一起进宫，从此丁氏"粉蒸肉"一直流传至今。

菜品名称		粉蒸肉
原料	主料	猪五花肉 250 克
	调辅料	净藕 150 克，熟大米粉 50 克，生大米粉 25 克，味精 2 克，红乳汁 20 克，白糖 3 克，八角 2 克，料酒 1 克，丁香 1 克，酱油 20 克，桂皮 1 克，精盐 2 克，胡椒粉 1 克，姜末 1 克
工艺流程		1. 原料初加工及切配：将五花肉切成 4 厘米长、2 厘米宽、1 厘米厚的长条，用洁布蘸干水分，盛入碗内，并加入精盐、酱油、红乳汁、姜末、料酒、味精、白糖一起拌匀，腌渍 5 分钟 **关键点：**原料要事先腌渍入味 2. 炒制大米：将大米淘洗干净，放入炒锅，在微火上炒约 5 分钟，呈黄色时，加入桂皮、丁香、八角再炒 3 分钟，起锅磨成鱼子大小的粉粒 **关键点：**需炒制的大米要炒熟，色要金黄。炒制时要不停地翻炒，使之均匀受热，以免炒糊 3. 米粉拌制：将净藕切成长 1.6 厘米、粗 1 厘米的条，加精盐、生大米粉拌匀，放入碗内

续表

菜品名称	粉蒸肉
工艺流程	**关键点**：盛装时不要压得过实，以免蒸制时加热不均匀，成熟度不一致 4.蒸制成菜：将腌好的猪肉用五香熟大米粉拌匀后（其干稀度以原料湿润而不现汤汁为准），皮贴碗底整齐地码在碗内，两边镶满肉条，与盛藕的碗一起放入笼屉内，用旺火蒸1小时取出。先将蒸藕放入盘内垫底，然后将蒸肉反扣在藕上，撒上胡椒粉即成 **关键点**：用熟大米粉拌制的猪肉干稀度以原料湿润而不出现汤汁为准，不要过湿，也不要过干。蒸制的时间与火力要适宜，要旺火足汽蒸至软糯滋润为度
成品特点	色泽红亮，滋味鲜美，肉质滋润，肥而不腻，醇厚味香
举一反三	用此方法将主料变化后还可以制作"粉蒸鸡""粉蒸鱼""米粉薯条""米粉白菜""米粉山药"等菜肴

三、干蒸

干蒸是指将加工整理后的原料，不加汤汁或加少许汤汁，上笼蒸熟成菜的烹调方法。

干蒸的工艺流程

原料初加工 → 切配 → 入味 → 蒸制 → 装盘

干蒸菜肴的特点：清鲜味美，肉嫩色淡，适口不腻。

实例　干蒸鳜鱼

"干蒸鳜鱼"用干蒸方法烹制而成，清鲜味美，肉嫩色淡，是孔府菜中的传统名菜。鳜鱼具有补气血、益脾胃的滋补功效，可补五脏、益脾胃、充气胃、疗虚损，适用于气血虚弱体质，可治虚劳体弱、肠风下血等症。

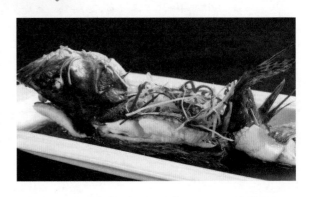

菜品名称	干蒸鳜鱼	
原料	主料	鳜鱼 1 条（约 800 克）
	调辅料	肥瘦肉丝 30 克，火腿丝 10 克，水发海米 20 克，葱丝、姜丝共 10 克，料酒 20 克，味精 1 克，精盐 5 克，酱油 10 克，清汤 100 克
工艺流程		1. 原料初加工及切配：将鱼去鳞、鳃、内脏，洗净（要保证鱼完整），在鱼的两面每隔 1.5 厘米剞上斜刀，手捏鱼尾，在沸水内稍烫，沥净水分放入鱼盘内 **关键点**：将鱼初加工后要用开水烫一下，以去掉腥味 2. 配料焯水：将肥瘦肉丝、火腿丝、葱丝、姜丝入沸水锅内稍烫，与海米拌匀，均匀地撒在鱼身上 **关键点**：焯水时间不能过长，以防原料变老 3. 调味蒸制：将清汤、料酒、酱油、精盐、味精放入碗内搅匀，浇在鱼身上，上笼旺火蒸 20 分钟，熟透后取出即可 **关键点**：调制味汁时，加入的汤汁不要过多，否则失去干蒸的风味。上笼蒸制时，要用旺火足汽蒸透蒸熟即可，不要蒸制时间过长，以免使鱼肉变老
成品特点		清鲜味美，肉嫩色淡，适口不腻
举一反三		用此方法将主料变化后还可以制作"干蒸肉""干蒸鲳鱼""干蒸鲥鱼""干菜蒸肘子"等菜肴

四、包裹蒸

包裹蒸是指将不同调料腌制入味的原料，用荷叶（或竹叶、油皮、菜叶、鸡蛋皮等）包裹后，放入器皿中用蒸汽加热至熟成菜的烹调方法。

包裹蒸的工艺流程

原料初加工 → 切配 → 入味 → 包裹 → 蒸制 → 装盘

包裹蒸菜肴的特点：造型美观，鲜香味美，软嫩芳香。

实例 荷叶鸭子

"荷叶鸭子"是孔府菜中的一款时令菜。此菜是将鸭肉片煸入味后加入炒米拌匀，用荷叶包裹上笼蒸制而成，成品鲜香味美，具有荷叶的清香气味，荷香袭人，食后唇齿留香，回味无穷，深受人们的喜爱。荷叶即莲叶，宜于鲜用，有清热解暑，开发青阳，散瘀止血及降血压的作用。鸭肉可大补虚劳、滋

五脏之阴、清虚劳之热、补血行水、养胃生津、止咳自惊、消螺蛳积、清热健脾、虚弱浮肿，对身体虚弱、病后体虚、营养不良性水肿者有食疗作用。

菜品名称		荷叶鸭子
原料	主料	鸭肉 400 克
	调辅料	大米 50 克，精盐 1 克，酱油 40 克，甜面酱 15 克，料酒 25 克，味精 1 克，葱丝 5 克，姜丝 2 克，八角 1 克，花椒 2 克，桂皮 1 克，清汤 50 克，鲜荷叶 3 张，猪油 25 克
工艺流程		1. 原料初加工及切配：将鸭肉洗净，斜刀片成长 10 厘米、宽 4 厘米、厚 0.3 厘米的片（约 24 片） **关键点：**刀工成型要整齐均匀 2. 腌渍入味：将鸭肉片放入碗内，加入酱油、精盐、甜面酱、料酒、葱丝、姜丝、味精拌匀，腌渍入味 **关键点：**鸭肉要先经腌渍入味，以保证蒸后味透 3. 拌制：炒勺内放入大米，加入八角、花椒、桂皮，在小火上炒至大米发黄时，倒在案板上晾凉，剔除八角、花椒、桂皮不用，将米轧碎，加清汤、猪油渍透后，放入鸭肉碗内拌匀。荷叶洗净去梗，每张切四块（共切 12 块） **关键点：**大米要炒至呈金黄色，不要炒糊，以免影响口味 4. 蒸制：将荷叶铺在案板上，每块荷叶上放两片鸭肉和一份炒米（要将大米均匀地分成 12 份），逐份包好后，呈马鞍形摆放在大碗内，上笼蒸熟取出，扣在盘内即成

续表

菜品名称	荷叶鸭子
工艺流程	**关键点**：荷叶包肉要裹紧，不要外露，以使外形美观。上笼蒸制时，要旺火足汽，蒸制的时间以原料蒸至软烂为宜
成品特点	鸭肉软烂，鲜香味美，具有荷叶的清香味
举一反三	用此方法以肉与白菜为原料可制作"蒸白菜卷"，以鸡肉为原料可制作"荷叶鸡"，还可以制作"荷叶肉""荷叶排骨""荷叶牛肉"等。另外，还可用洗好的新鲜稻草包裹原料，制作"稻草鸡""稻草鸭""稻草排骨"等菜肴

五、扣蒸

扣蒸是将加工好的原料排列整齐，码放在碗中，刀面贴底，将煸好的调味汁浇入其中，再上蒸锅或蒸箱蒸制，熟后将汤汁滗入汤勺中待用，将碗内原料翻扣（或用皮纸将碗封口）在盘中，将汤汁浇在菜品上成菜的烹调方法。扣蒸法适用于动物性原料及部分水果、蔬菜，具体操作与清蒸类似。

扣蒸的工艺流程

原料初加工 → 切配 → 入味 → 定碗 → 蒸制 → 装盘

扣蒸菜肴的特点：形态完整，原汁原味，鲜嫩熟软。

实例 香糟蒸肉

制作黄酒剩下的酒糟经加工即为香糟。香糟香味浓厚，含有10%左右的酒精，有与黄酒同样的调味作用。以香糟为调料烹制的菜肴有独特的风味，香糟可以补充多种蛋白质、维生素及其他营养元素。"香糟蒸肉"是济南的传统菜肴，此菜色泽鲜艳，呈枣红色，具有香糟的气味，肥而不腻，口感软滑。

菜品名称	香糟蒸肉	
原料	主料	带皮猪肉 750 克
	调辅料	葱姜丝共 20 克，香糟 50 克，清汤 500 克，料酒 50 克，精盐 5 克，酱油 15 克，花生油适量
工艺流程		1. 原料初加工及切配：将猪肉洗净，切成骨牌片，放入净碗内，加入精盐、料酒腌渍均匀。另用一碗放入清汤、香糟，用洁布过滤，再加入精盐、酱油调匀成汁 **关键点：** 猪肉以选用猪腹部以上，硬肋以下部位为宜。成型要均匀，入味要透。香糟要用洁布过滤，去掉糟渣，注意卫生 2. 过油：锅内加入花生油烧至 150 ℃，下入肉片，炸至金黄色时捞出控净油 **关键点：** 掌握炸制的色泽，以金黄色为佳 3. 蒸制：将炸好的猪肉皮朝下摆在大碗内，放入葱姜丝，浇入香糟汁，放入蒸锅用旺火蒸至熟透取出，翻扣在大盘内即可 **关键点：** 要蒸透蒸烂，翻扣时保持其外形完整
成品特点		成形美观，色泽红润，口感软糯，味咸鲜香醇，糟香浓郁
举一反三		用此方法将主料变化后还可以制作"八宝米饭""蒸什锦""梅菜扣肉"等菜肴

第三节　烤

烤是将经过腌渍或初步熟处理的原料，放在以木柴、炭、煤、煤气等为燃料的烤炉内或远红外线烤炉内，利用辐射热把原料加热至熟的烹调方法，适用于鸡、鸭、鹅、鱼、乳猪、猪方肉等大块和整形的原料。

烤的工艺流程

原料初加工 → 切配 → 入味 → 烤制 → 再入味 → 烤制成菜

烤制菜肴的特点：色泽美观，形态大方，皮酥肉嫩，香味醇浓。

学习目标

用烤的方法制作菜肴，如"烤蓝花鳜鱼""烤羊腿"等。

关键工艺环节

烤制。

关键工艺环节指导

根据设备的差异，烤分为明炉烤和暗炉烤两种方法。不论哪一种烤法，控制好温度最关键。暗炉烤的方法以烤制的品种不同而有较大的差异，个别品种烤制的方法个性较强，品种之间烤制方法的共性不突出。

一、明炉烤

明炉烤是指将原料用烤叉叉好或放在烤盘内，在敞口的火炉内反复烤至熟透的烤制方法。明炉烤的特点是：设备简单，方便易行，火候易于掌握，但火力分散，烤制的时间较长，技术难度较大。明炉烤适用于乳猪、鸡、鱼等大块或整形原料。明炉烤的方法主要有网丝烤、火槽烤等。

明炉烤的工艺流程

原料初加工 → 切配 → 入味 → 烤制 → 装盘

明炉烤制菜肴的特点：色泽美观，形态大方，皮酥肉嫩，香味醇浓并具有浓郁的烟熏气味。

实例　烤蓝花鳜鱼

"烤蓝花鳜鱼"运用孔府菜传统独特的烤制工艺制作而成，白中泛红，味道鲜美，食用时佐以姜末、香醋，其味更佳。鳜鱼是孔府菜中的上乘原料，不仅是因为其味道鲜美、营养丰富，还由于鳜鱼谐"贵余"之音，寓有"富贵有余"之意，所以孔府每逢举行喜庆宴会，鳜鱼佳肴必登席。

菜品名称		烤蓝花鳜鱼
原料	主料	鳜鱼1条（约1 250克）
	调辅料	鸡脯肉100克，肥肉膘25克，水发干贝15克，水发海参15克，冬笋10克，冬菇10克，火腿50克，猪五花肉50克，料酒50克，鸡蛋1个，猪花网油1张，面粉150克，葱段5克，姜片2克，花椒1克，精盐2克
工艺流程		1. 原料初加工及切配：将鳜鱼去鳞，剁去脊翅、尾，从口内取出内脏，清水洗净，用手捏住鱼嘴在开水锅中一焯，迅速放入凉水中，刮去黑皮斑痣
		关键点：鳜鱼用清水反复洗净，去掉异味

续表

菜品名称	烤蓝花鳜鱼
工艺流程	2.腌渍入味：用刀把鱼下巴划开，两面打上斜刀，放入盘中，加入料酒、精盐、葱段、姜片、花椒腌渍约15分钟 **关键点**：用调味品腌渍入味，做到味透及里 3.辅料加工：鸡脯肉剔去筋，与肥肉膘一起剁成细泥，加入蛋清、料酒、精盐调匀，拌成鸡料子备用。猪五花肉切成0.7厘米见方的丁，入开水锅中氽熟捞出。海参、冬菇、冬笋均切成0.7厘米见方的丁，与干贝一起入开水锅中焯过，捞出与肉丁混合，加料酒、精盐腌渍3分钟。火腿切成长6厘米、宽2厘米、厚0.3厘米的片备用 **关键点**：馅料成型要均匀一致，要反复搅拌，使馅料入味均匀 4.擀制面皮：猪花网油片去大筋膜，修齐四边备用。将面粉（125克）加清水和成面团，擀成薄皮。余下的面粉加清水和成糊 **关键点**：面皮要厚薄一致，大小均匀 5.烤制成菜：将腌过的鳜鱼提起，把拌好的各种配料丁装入鱼腹内，用细绳捆好鱼嘴，在鱼背上每个斜刀口里镶入一片火腿，再抹上鸡料子，放在猪花网油上，四周摺起包好，再用擀好的面皮包住，放在铁算子上，置木炭火烤池上慢慢烤制。先烤正面，再烤背面，这样烤制1小时左右，取出放在盘内（鱼背朝底），揭开面皮、花网油，扣入鱼盘内（鱼背朝上），去掉面皮及花网油，拆开捆嘴的细绳即成 **关键点**：要用小火慢慢烤制，以保证里外熟透
成品特点	白中泛红，味道鲜美，食用时佐以姜末、香醋，其味更佳
举一反三	用此方法将主料变化后还可以制作"博山烤肉""烤羊肉""烤兔肉""串烤鱼片""烤乳鸽"等菜肴

二、暗炉烤

暗炉烤又称"挂炉烤"，是指将原料挂于可封闭的烤炉（或放置于烤箱）内烘烤至熟的烹调方法。暗炉烤的特点是炉内温度较稳定，原料受热均匀，容易熟透，烤制时间也较短。

暗炉烤的工艺流程

原料初加工 → 切配 → 入味 → 烤制 → 装盘

暗炉烤制菜肴的特点：形态完整，皮酥肉嫩，香味醇浓，风味独特。

 实例　烤羊腿

"烤"是最原始的烹调技法之一。据考古资料记载，在"北京猿人"遗址中发现在火中烧食后的动物骨骼。后来出现了将原料移至火焰之外的烤法，古称为"炙"。烤制的名菜，历代均有，如商代的"烤羊"，周代的"牛炙"，汉代的"烤肉串"，晋代的"牛心炙"，南北朝的"炙豚"，唐代的"光明虾炙"，宋代的"烧羊"，元代的"柳蒸羊"，明代的"炙蛤蜊"，清代的"烧鸭子"等。元代的"柳蒸羊"直到现在新疆仍在使用，并为现在的暗炉烤奠定了基础。"烤羊腿"是正宗的清真菜，其肉酥烂，焦香味醇，麻辣适口，别有风味。

菜品名称		烤羊腿
原料	主料	羊腿 8 只
	调辅料	料酒 50 克，酱油 25 克，花椒面 25 克，辣椒面 25 克，丁香面 10 克，小茴香面 10 克，精盐 15 克，味精 5 克，葱姜丝、羊油各适量
工艺流程		1. 原料初加工及切配：将羊腿洗净，把带肉部分剖上十字刀纹，用酱油、料酒、葱姜丝、精盐擦抹一遍，腌制 20 分钟左右 **关键点**：羊腿肉面要剖上十字刀纹，以利于烤制入味、成熟 2. 烤制：将羊腿放入烤盘，置入烤炉内烤至熟透、色黄时取出，用毛刷刷上羊油，撒上花椒面、辣椒面、丁香面、小茴香面、精盐、葱姜丝复烤 10 分钟左右，取出摆在大盘内，剔除葱姜丝，撒入味精即可 **关键点**：烤制时要将羊腿翻转 1～2 次，以保持羊腿肉外焦酥里鲜嫩。复烤时调味料要涂撒均匀
成品特点		棕黄色，肉酥烂，焦香味醇，麻辣适口，别有风味
举一反三		用此方法将主料变化后将原料变化后还可以制作"烤大肠""烤八带""烤鱿鱼"等菜肴

第十章
制作拔丝、挂霜、蜜汁类菜肴

第一节　拔丝

　　拔丝是将白糖（绵白糖最好）用油或水炒熬到一定火候，然后放入经过油炸的原料，颠翻均匀，滚上糖浆，拔出细糖丝的一种甜菜烹调方法。拔丝的制作时间要短，上菜速度要快，食用时才能拔出糖丝。制作拔丝菜肴的原料主要是水果及含淀粉量较高的块根类蔬菜，如苹果、香蕉、山药、土豆、莲子等。拔丝菜是风味菜，也是抢火候菜，制作难度较大。

拔丝的工艺流程

刀工成型 → 挂糊或拍粉 → 油炸 → 熬糖 → 挂糖浆 → 出锅装盘

拔丝菜肴的特点：色泽金黄，明亮晶莹，外脆里嫩，味香甜纯正。

学习目标

用拔丝的方法制作菜肴，如"拔丝山药""拔丝蛋泡肉"等。

关键工艺环节

熬糖。

关键工艺环节指导

一、熬糖的方法

制作拔丝菜肴关键的技术是熬糖的方法和火候。熬糖的方法有三种：

油熬法	糖 150 克，油 5 克	炒勺上旺火烧热，用清油涮锅，留底油，下绵白糖熬制。熬糖用油要适量，油多则糖挂不上原料，油少则糖不易化或易粘锅
水熬法	糖 150 克，水 25 克	炒勺烧热后，加少许清水，再加白糖熬制。这样熬出的糖丝较多，且容易粘在原料上
水油混合熬法	糖 150 克，油 5 克，水 20 克	炒勺烧热用油涮锅，留少许底油，加白糖炒熬，再滴入少许开水熬制

注：无论哪一种熬法，糖与主料的比例，以糖相当于主料的 1/3 为宜。

二、熬糖的技巧

熬制拔丝糖浆的火候较难掌握，需要在实践中不断摸索总结。熬糖的火候是否恰当，一般可通过以下两点来判断：

1. 观察其颜色的变化

白糖下入干净的炒勺中，融化后呈青白色，如果火力比较均匀，糖的颜色就会随熬制时间的长短而变化。当糖的颜色由青白变至微黄时，基本上就是拔丝的火候了。下料过早，火候太"嫩"，不会出丝；下料过晚，火候变"老"，虽然有丝，但糖浆会变苦，影响口味。下料早晚只有几秒之差，稍一犹豫就会失败。

2. 观察糖浆稀稠度的变化

白糖下锅融化时比较稠，搅起来比较吃力（水熬糖浆开始融化成较稀的糖水，熬一会儿后就会将水分蒸发，先是翻大泡，后是翻小泡，最后也变得比较稠），当糖浆突然变稀，搅起来比较灵活时（这时的颜色也会由青白变成微黄），说明拔丝的火候已到，应立即下料。

实例 1　拔丝山药

"拔丝"又称拉丝，源于山东，由元代制作"麻糖"的方法演变而来。《易牙遗意》记载：制麻糖时，"凡熬糖，手中试其黏稠，有牵丝方好"。清代文学家蒲松龄在其《日用俗字·饮食章》中有"而今北地兴缠果，无物不可用糖黏"的记述。清代出现"拔丝"的名称，《素食说略》中有"拔丝山药"一菜：

将山药"去皮，切拐刀块，以油灼之，冰糖起锅，即有长丝"的记载。山药具有健脾补肺、益胃补肾、固肾益精、聪耳明目、助五脏、强筋骨、长志安神、延年益寿的食疗功效。

菜品名称		拔丝山药
原料	主料	山药 500 克
	调辅料	白糖 150 克，熟芝麻 20 克，鸡蛋 1 个，干淀粉 100 克，面粉 25 克，甜桂花酱 3 克，花生油 1 000 克（约耗 50 克）
工艺流程		1. 原料初加工及切配：将山药洗净，去皮，切成滚刀块，放入沸水中焯过，沥净水分 **关键点：**刀工成型要符合拔丝的特点。原料形状多为块、球、条等形状 2. 挂糊炸制：将山药滚上一层面粉，再挂上用淀粉、面粉和鸡蛋、清水调好的鸡蛋糊，逐一下入到 150 ℃左右的油锅中，炸至金黄色时捞出，控净油 **关键点：**调糊时淀粉与面粉的比例为 2：1，炸制时油温控制在 150 ℃左右，以原料表面呈金黄色为宜 3. 熬糖成菜：炒勺内留少许油，用微火烧至 90 ℃左右，放入白糖，用手勺搅炒至金黄色，糖浆起泡时，迅速倒入炸好的山药，加入桂花酱，颠翻均匀，撒上熟芝麻盛入盘内即可。上桌时带一碗凉开水，用筷子蘸水食用 **关键点：**熬糖时用小火，待糖熔化变黄色时立即投入原料
成品特点		色泽金黄，拔丝细长，外脆酥香，热吃香甜，晾凉后称为"琉璃"
举一反三		用此方法将主料变化后还可以制作"拔丝苹果""拔丝土豆""拔丝地瓜""拔丝莲子""拔丝香蕉""拔丝西瓜球"等菜肴

说明："琉璃"的做法与"拔丝"相同，只是将拔丝菜趁热倒出拨散，晾凉后食用。由于晾凉后的拔丝菜品色泽光亮、质脆，形似琉璃，因故得名。汁水多的原料如"西瓜"不能用琉璃法制作菜品。

挂霜是指将经过初步熟处理的半成品，粘裹一层主要由白糖熬制成的糖液，待冷却后形成白霜或撒上一层糖粉成菜的甜菜烹调方法。

挂霜的工艺流程

刀工成型 → 挂糊或不挂糊 → 油炸 → 熬糖 → 挂糖浆推翻出霜 → 出锅装盘

挂霜菜肴的特点：色泽洁白似霜，甜香酥脆。

学习目标

用挂霜的方法制作菜肴，如"挂霜果仁"等。

关键工艺环节

熬糖。

关键工艺环节指导

一、熬糖的方法

挂霜熬糖法一般以水熬法为好，方法如下：

糖 200 克，水 80 克	炒锅洗净置小火上，加入适量清水，放入白糖逐渐加热熔化烧沸，撇去糖液表面的浮沫，熬至糖液浓稠起泡时，连续搅动，无蒸气挥发，加入原料推翻均匀即可

二、熬糖的技巧

挂霜熬糖的火候比拔丝熬糖的火候要小一些，一般可通过以下两点来判断火候是否恰当：

1. 观察水蒸气的变化

待糖全部熔化，糖液逐渐变稠，且水蒸气变得很少时，即达到挂霜火候。

2. 观察糖液气泡的变化

糖液逐渐变稠后，并伴有起泡现象，待糖液内小泡套大泡同时向上冒，此时糖液的颜色为青色（变为淡黄色或黄色，糖液就会拔丝变老），即达到挂霜火候。

实例　挂霜果仁

"挂霜"是鲁菜独特、传统的烹调技法之一。"挂霜"始见于宋代，称为"糖霜""珑缠""糖缠"，至明代，出现熬汁"糖缠"的方法。"挂霜果仁"选用花生米、核桃仁，成菜后，果仁表面裹有一层"白霜"。此法制作工艺难度较大，要求厨师熟练掌握熬糖及

推霜技巧。核桃仁可破血行瘀、润燥滑肠，对经闭、痛经、瘕瘕块，跌打损伤、肠燥便秘有食疗作用。

菜品名称		挂霜果仁
原料	主料	核桃仁 300 克
	调辅料	白糖 200 克
工艺流程		1. 烤制：将核桃仁洗净，晾干水分，放入烤箱内烤至酥透 **关键点**：核桃仁烤酥即可，不能烤煳 2. 熬糖推霜：锅刷干净置于火上，加入清水，放入白糖，用旺火烧开，撇去浮沫，再用微火慢慢熬至糖融化，待糖液由稀变稠且无蒸气蒸发时，迅速倒入烤好的核桃仁，起勺离火眼，不断颠动、推翻至糖液粘匀核桃仁并出霜，出锅装盘即成 **关键点**：用小火熬糖，糖液不能熬出颜色。挂霜时要用手勺不断推翻，直至起霜为止
成品特点		色泽洁白，酥脆香甜，美味适口
举一反三		用此方法将主料变化后，可用熟肥肉膘切成 4 厘米长的条，挂蛋黄糊油炸后再挂上一层糖霜称为"酥白肉"。另外，花生米清炸或炒酥后去皮，可制作"挂霜花生米"。莲子清炸后可制作"挂霜莲子"等

第三节 蜜汁

　　蜜汁是用白糖、蜂蜜和水熬化收浓，放入加工处理过的原料，经熬或蒸制，使之甜味渗透，质地酥糯、甜香的烹调方法。蜜汁的种类较多，除用糖、水和蜂蜜配制之外，还可以用糖、水分别加桂花酱、玫瑰酱、山楂糕、枣茸、椰子酱等配制。

蜜汁的工艺流程

刀工成型 → 蒸煮主料 → 熬制蜜汁 → 浇淋主料 → 出锅装盘

蜜汁菜肴的特点：色泽美观、酥糯香甜。

学习目标

用蜜汁的方法制作菜肴，如"蜜汁银杏"等。

关键工艺环节

熬制蜜汁。

关键工艺环节指导

熬制蜜汁的方法：

| 白糖200克，清水250克，蜂蜜10克，桂花酱15克 | 将白糖、蜂蜜、清水一起用中火熬化至沸，撇去浮沫，加入桂花酱，收至浓稠，放入原料，焖熬至酥糯入味，捞出装盘，再将糖汁收浓，淋于原料上成菜 | 熬制蜜汁要控制好火候，先用中小火烧开，使白糖溶化，再用小火慢慢熬制，防止熬焦或熬烂原料。先炒糖色后熬糖液，色红 |

实例　蜜汁银杏

　　"蜜汁"，明代称为"蜜煮"，至清代称为"蜜炙"。《随园食单》中记载有"蜜火腿"，《素食说略》中记载有"蜜炙莲子""蜜炙栗子"等。银杏又名白果，是山东特产，临沂地区的郯城县素有"银杏之乡"之称。"蜜汁银杏"选用当地盛产的银杏为原料，采用蜜汁方法制作而成，口感软糯，营养

丰富。银杏的药用价值较高，可润肺、定喘、涩精、止带，寒热皆宜，对哮喘、咳嗽、白带、白浊、遗精、淋病、尿频等有食疗作用。

菜品名称	蜜汁银杏	
原料	主料	水发银杏500克
	调辅料	白糖200克，蜂蜜50克，桂花酱20克，芝麻油10克，花生油30克
工艺流程		1. 原料初加工：将银杏放入沸水中洗涤，入笼蒸20分钟后取出 **关键点：**蒸制银杏时，不能与糖同蒸，否则不易蒸酥烂 2. 熬糖：炒勺置中火上，加入花生油烧至60 ℃左右，再加入少许白糖，炒至糖汁呈深红色时，倒入清水，加入白糖，烧开后撇去浮沫 **关键点：**熬制蜜汁不能用铁锅。用铁锅熬汁，汁发暗而不透明。最好用铝锅或不锈钢锅等。炒糖色时，糖不能放得太多，否则易有苦味 3. 浓稠糖汁：在糖液中加入蒸好的银杏，用小火熬至糖汁为原料的1/3时，再加入蜂蜜、桂花酱，继续熬至糖汁浓稠 **关键点：**熬制的糖汁不能过于浓稠，否则水分蒸发量过大，易出现拔丝或冷却后糖液变凝固的现象，导致蜜汁失败 4. 淋油装盘：淋入芝麻油搅匀，盛入汤盘内即可

续表

菜品名称	蜜汁银杏
成品特点	色泽鲜艳，汁红光亮，香甜软糯，桂花香味浓郁，营养丰富
举一反三	用此方法将主料变化后可制作"蜜汁三果"（红果、莲子、银杏）。将苹果切成大丁，香蕉切成圆墩，还可制作"蜜汁苹果"和"蜜汁香蕉"等